# 百折不撓《ひゃくせつふとう》――鉱毒の川はよみがえった

## 渡良瀬川鉱毒事件～板橋明治と父祖一世紀の苦闘～（付：江戸川水質汚濁事件）

高崎哲郎
*Tetsuro Takasaki*

# 百折不撓《ひゃくせつふとう》――鉱毒の川はよみがえった

## 渡良瀬川鉱毒事件～板橋明治と父祖一世紀の苦闘～

（付：江戸川水質汚濁事件）

「百折不撓」

（渡良瀬川鉱毒事件に生涯を捧げた田中正造の愛唱句）

「苦悩継《つた》ふまじ　されど史実は伝ふべし　受難百年また還《かえ》らず　根絶の日ぞ何時《いつ》」

（鉱毒被害地・群馬県太田市毛里田《もりた》地区に建立された「鉱毒根絶の碑」より）

"There is no wealth but life"

(John Ruskin)

# 序章～百年の罪科・裁断さる～

「企業の責任を追及するために調停に持ち込まざるを得ない。国家の責任において被害の事実を明白にしたいのが私たちの願いであります。少なくとも金銭解決はすべてではありません。もっとも大切なことのひとつではありますが、処置、監視、根絶をどうするかということこそ最大の問題です」

（渡良瀬川鉱毒根絶太田期成同盟会会長板橋明治《めいじ》、「講演」より）

「渡良瀬川鉱毒事件は私の『ライフワーク』である」

（同氏、インタビューに答えて）

## 〝百年鉱害〟へ鉄槌《てっつい》

「足尾鉱毒事件、〝百年鉱害〟事実上の決着」

新聞・テレビなどメディアは大々的に報じた。テレビとラジオは「ニュース速報」を流した。

昭和四九年（一九七四）五月一一日午前一〇時半。政府の中央公害等調整委員会（公調委）は日本公害史に残る画期的調停案を提示した。同委員会の調停は、東京・千代田区の総理府（当時庁舎内で開かれ、委員会が提示した調停案に、申請人、被申請人双方（裁判の原告・被告にあたる）とも了承し調印した。被申請人・古河鉱業株式会社（以下、古河鉱業）が渡良瀬川鉱毒事件の加害責任を初めて公式に認めたのである。明治初期の鉱害被害発生からほぼ一世紀に及ぶ父祖三代にわたる長い苦難の道のりの末の制裁だった。

時計の針を前日・五月一〇日午前一〇時半過ぎに戻す。「公害の原点」足尾鉱山鉱毒事件の調停を進めていた政府の公害等調整委員会委員長小沢文雄（裁判官出身）は、被害者側の群馬県太田市毛里田《もりた》地区鉱毒根絶期成同盟会長板橋明治、加害者側の古河鉱業社長清水兵治ら、双方の代表を総理府の調停室に招いた。委員長小沢は静かな口調で調停案（「判決」に相当）を述べた。

「古河鉱業は被害者側に補償金一五億五〇〇〇万円を支払う。このうち七億八五〇〇〇万円を一カ月以内に、残り七億六五〇〇〇万円を昭和五〇年二月五日までに支払う」

被害者の訴えが認められた。調停案では、補償金が要求額の約三八億七七〇〇〇万円を大幅に下回ったが、「勝訴」である。だが、会長板橋をはじめ中野幸郎、岩下一郎、島崎進、馬場朝光《ともみつ》の農民側代理人五人は喜びの表情を浮かべず即答を避けた。

「調停案を地元毛里田地区に持ちかえり農民集会を開き、受諾するかどうかの賛否を確認した上で、明日正式回答を示したい」

会長板橋はきっぱりとした口調で伝えた。板橋ら農民代表の表情はこわばったままで、歴史に残る大任を果たしつつあるとの安堵《あんど》感や勝利の喜びはうかがえなかった。

「われわれは誠意を持って検討する」

古河鉱業社長清水も翌日回答することを約束した。委員長小沢をはじめ調整委員会事務局では、双方の対応ぶりから判断しこの日の調停案提示で事実上の合意に達した、と読んだ。

血のにじむような長い闘いに自らの英知と努力で終止符を打ったのは、渡良瀬川沿岸（右岸）に生活する太田市毛里田地区の板橋明治をリーダーとする農民たちである。彼らは、渡良瀬川に垂れ流される足尾鉱山の鉱毒によって田畑を不毛の地とされ明治中期から減収被害に長年苦しめられてきた。渡良瀬川の銅の水質基準が決定した四年後に今度はカドミウム米が検出された。生命の危険が心配され農民は不安のドン底に陥った。昭和四七年（一九七二）三月、会長板橋らはついに決起した。彼らの独自の判断で、裁判よりも公調委への調停申請の道をとった。会長はじめ一〇八人が調停を申請し、続いて翌年六月の第四次の申請者を含め、申請者は総数九七一人にのぼった。被害状況の資料が確認できる過去二〇年間に限り、鉱毒汚染田四六八ヘクタール分の計三八億七七八五万六一五〇円の損害賠償を請求した。

「足尾鉱毒によって農作物に被害が出たとは考えない」

被害者は身体《からだ》全体で受ける被害を加害者側は蚊が鳴くほども感じていない、と農民は怒った。

非情な態度に終始してきた古河鉱業首脳部も調停作業が大詰めの段階を迎えるにしたがって、鉱害に対し企業責任を求める世論の高まりを無視することは出来なかった。

調停案の内容は、補償金のほか①古河鉱業は足尾事業所の全施設から重金属などを渡良瀬川に流入させないように努める。②古河鉱業、被害農民同盟双方は土地改良事業の早期実現をはかるため関係機関に協力する。③古河鉱業は今後鉱害防止のため群馬県、太田市と公害防止協定を結ぶ、となっていた。補償額が被害者側の要求とかなりかけ離れたが、被害者側の算定では、足尾鉱山から流出した銅を含む廃棄物鉱滓《こうさい》（スライムのこと）が水田に止めどもなく流れ込むことによって一〇アール当り米で一二〇キロ、麦で一八〇キロが減収になった。加えて鉱毒水中和のための土地改良材、管理費、慰謝料などを合わせ年間一〇アール当り計四万一三九四円とした。

調停では公調委の独自調査をもとに算定基準を示されたが、総額で半分以下に止まった。しかし、その他の調停項目では、被害者側の請求はほぼ全面的に認められた。特に、最終段階で板橋が公害防止協定を提出し、古河鉱業は地元自治体との間接参加の形で難航の末合意した。被害農民側は「これ以上古河鉱業に補償額を積み上げさせるのは困難」と判断し、調停案を承諾する決断に傾いたのである。カドミウム汚染、土地改良事業など多くの問題が山積みされたままだった。

だが毛里田地区鉱毒根絶期成同盟会は、足尾鉱毒が水田を荒廃させて以来初めて加害企業・古河鉱業から見舞金や示談金ではなく正式な「損害賠償金」として一五億五〇〇〇万円を〝獲得〟したのである。板橋はこの間食事がのどを通らなくなり体重を五キロも減らし、ミカンのジュースなどが「主食」となっていた。

## 苦い勝利報告

「ご苦労さん！」、「よく頑張《がんば》ってくれた！」

「調停案提示される」のニュースは地元にも既に届いていた。会長板橋明治ら鉱害根絶期成同盟会代表に、農民からねぎらいの言葉が相次いでかけられた。拍手がわき起こった。農作業で日焼けした農民の顔に笑みがこぼれていた。板橋は「勝訴」であると確信したものの、「勝者の帰還」の気分には浸れなかった。帰りの浅草発・下り特急「りょうもう号」の車中では、虚脱感に襲われた。それでも「古河鉱業に非を認めさせた」との雷に打たれたような熱い思いはあった。

この夜、公害等調整委員会から提示された調停案を持ち帰り、同盟会の常任委員会を開いて受諾の可否などを真剣に検討した。

水田に囲まれた会場の太田市中央農協毛里田事業所二階には三二人の常任委員が電話連絡などで集まっていた。父祖三代、場合によっては四代の鉱毒闘争に大きな区切りがついた安堵感と、自分たちの主張が完全には認められなかったとの不満が入り混じって、各委員とも複雑な表情だった。

会長板橋が調停案を読み上げた。

「父子三代の鉱毒補償にしては安すぎる」

「金額はこれ以上無理だろうが、調停条項の足尾銅山・山元対策などがもっと具体的な記述にならないのか」

「公害防止協定が当事者間で結べないのはおかしい」

「補償金とは何んだ。なぜ賠償金にしないのか」

板橋の信頼する委員中山作市が熱論した。

最終の決断を前に、熱のこもった討議が深夜まで続けられた。公調委の調停案を起立多数で受諾した。

古河鉱業の鉱毒水に苦難を強いられてきた毛里田地区農民の長期にわたる闘いの「第一ラウンド」は終った。

「農民の苦労がこれで終ったというのでは決してない。田んぼは相変わらず渡良瀬川の鉱毒水を引いて稲を植えなければならない。農家の苦労はこれからも続く」

五三歳の指導者板橋は思った。

翌日の調印式では、総理府二階の調停室で被害者の農民代表板橋明治と加害者の古河鉱業社長清水兵治がテーブルに左右に座した。板橋、清水の順で署名・捺印《なついん》した。板橋は承諾調印の終了後、記者団やカメラマンの強い要望で社長清水と握手することを求められた。板橋はいったんは拒否したが、委員長小沢の要請もあってやむを得ず握手に応じた。しかし清水には視線を向けず、また笑顔もつくらなかった。

# 目次

目　次

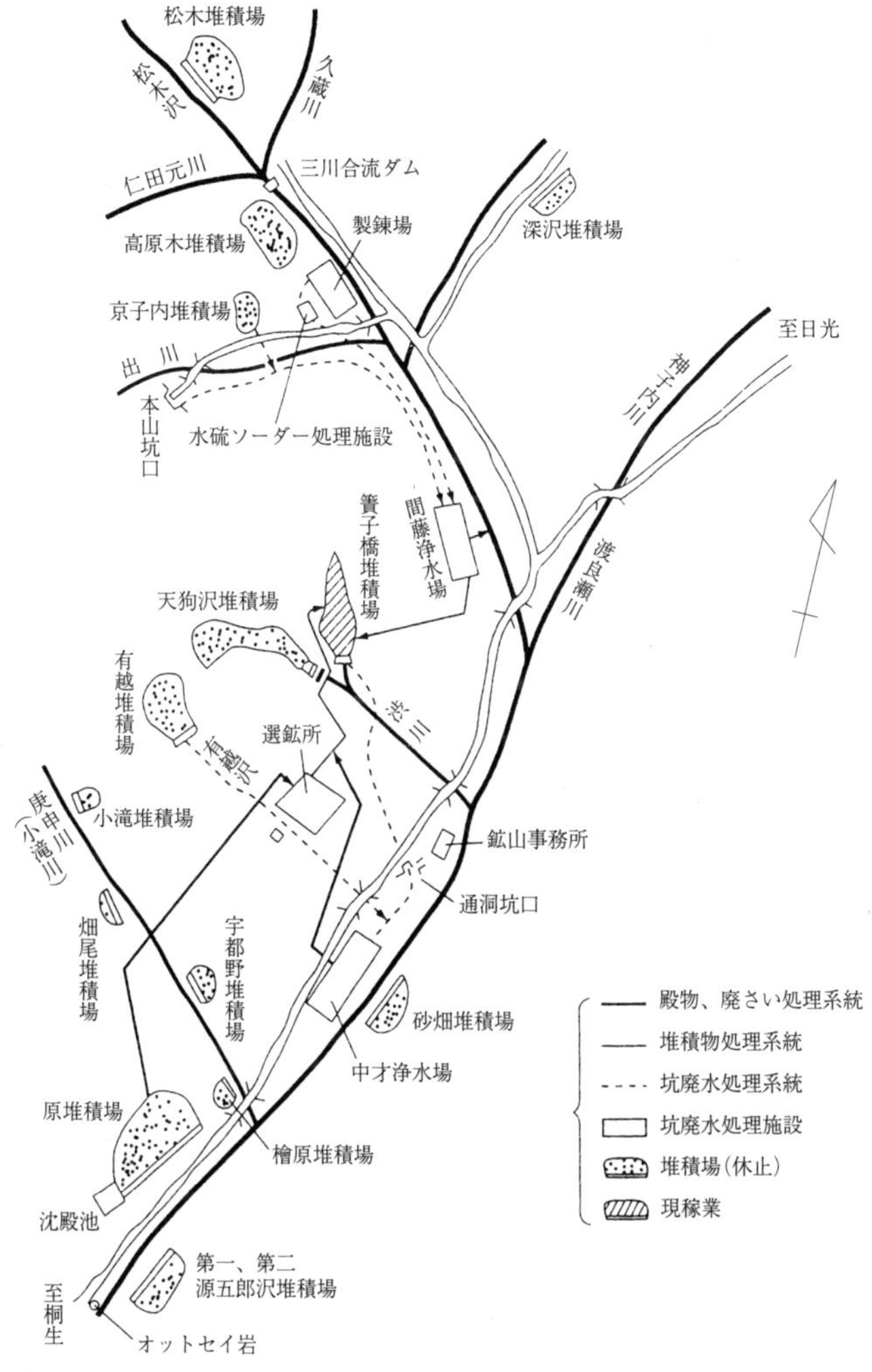


「足尾銅山施設排水系統図」
期成同盟会により初めて公開された山元の位置図

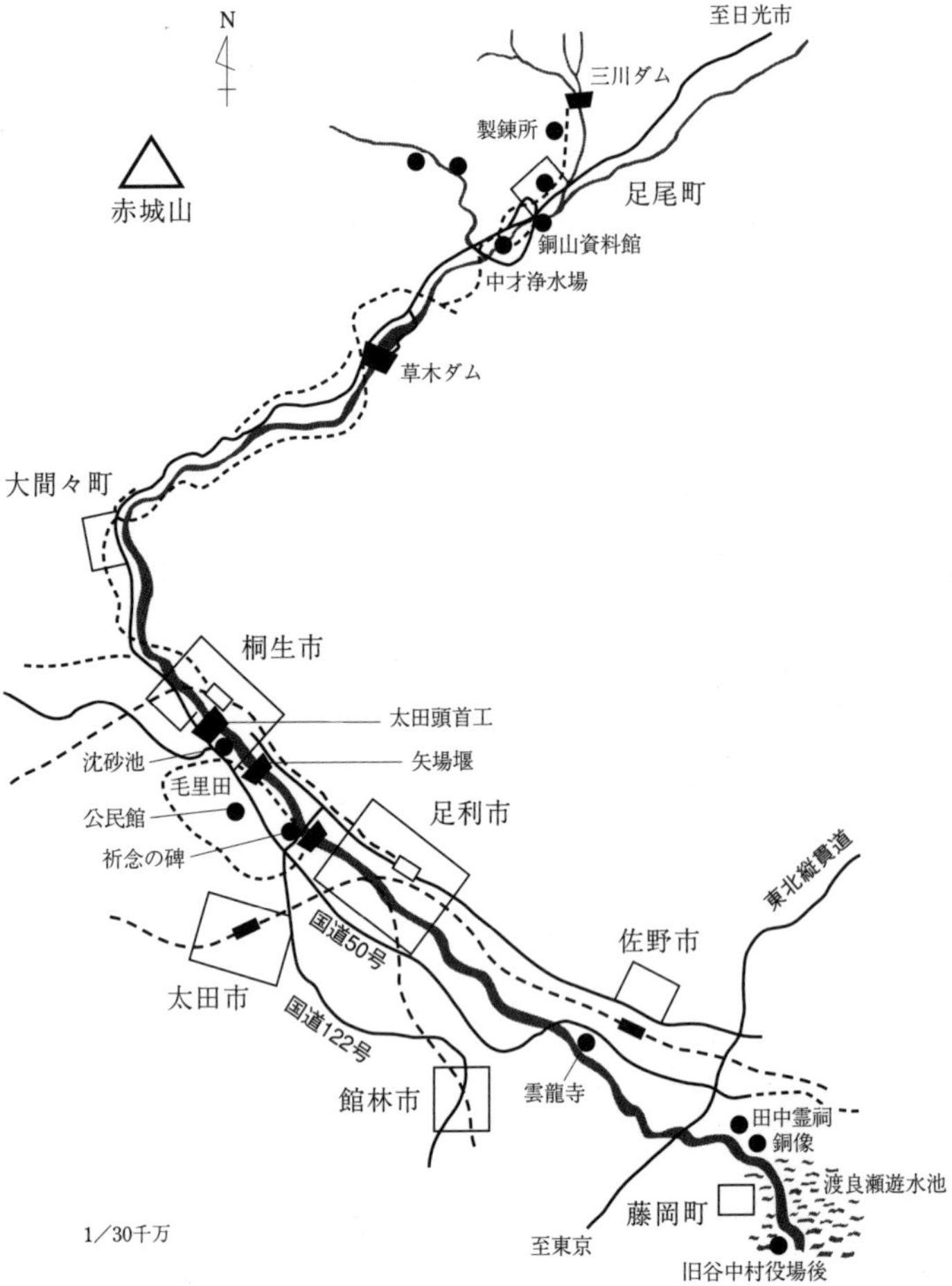


「**足尾鉱毒事件関係配置図**」（期成同盟会作成資料より）

# 第一章　鉱毒が人権と自然を奪った

「毛里田地区では、もの心ついた頃から昼でも夜でも野廻りをさせられる。鉱毒水が田んぼに入らないかどうかを監視するのである。昼でも夜でも田んぼの水から目が離せないという鉱毒に苦しめられてきた姿がある」

（会長板橋明治、「講演」より）

「私どもは鉱毒で、少なくても七百年前から営んできた生業を、後から入ってきた古河に追っ払われ、強大な資本を持つ古河に私どもの生活権と自然を奪われたのです。これが鉱毒事件です」

（同　右）

## 渡良瀬川—怨念の川面《かわも》—

渡良瀬川は栃木県西部の皇海山《すかいさん》（二一四四メートル）付近に水源を発し、足尾山地と赤城火山帯の山塊の渓谷を縫うようにして流れ落ち、群馬県の大間々《おおまま》町付近で関東平野北部に達する。渓谷は広葉樹や針葉樹の森林の間に岩肌をあらわし、新緑が映《は》え紅葉が燃《も》える季節には美しい風景画の世界をつくる。川は一大扇状地を右岸にかかえてゆるやかに蛇行しながら南東に流れをかえる。この扇状地の付け根部分に大間々町と桐生市がある。

渡良瀬川は川幅を広げながら、扇状地の広がる太田市毛里田地区（右岸）から栃木県足利市、佐野市を通り、藤岡町を経て渡良瀬川遊水地に入る。支川の巴波《うずま》川、思川を合わせて南下して茨城県古河市の南方で大河・利根川に流れ込む。流域面積は約二六二〇平方キロ、流路は約一〇八キロで、利根川に合流する支流中ではいずれも最大である。

渡良瀬川の流域は古来「毛《け》の国」として栄えた。川の恵みが地の利とともに、豊かな生活文化の環境をはぐくんで来た。流域は肥沃な土壌が広がり、川の水は農地を潤す灌漑《かんがい》になくてはならないものだった。古代の貴重な遺跡が数多く発掘されている。

江戸期以降、下流平野部では農業や養蚕《ようさん》とともに舟運が発達し、米、薪炭、木材、織物などの生産物を江戸方面への下り舟で運び、江戸方面からの帰り舟では塩、砂糖、雑貨、などが運ばれて、河岸《かし》が発達した。東毛《とうもう》（利根川・渡良瀬川の間に広がる群馬県東部）地区七二〇〇ヘクタールの灌漑用水は渡良瀬川に依存しており、岡登《おかのぼり》用水、新田堀、休泊《きゅうはく》堀、三栗谷《みくりや》用水、邑楽《おうら》東部用水などは江戸初期に代官などによって開削されたのである。アユやウナギなど魚類も豊富で、流域は豊かな農村地帯を形成していた。だが一方では、大洪水が流域を襲い多大な被害を与え続けてきた。

足尾銅山鉱毒事件の歴史的闇は暗く深い。足尾銅山は江戸幕府の直轄銅山として栄えたが、明治時代に入り軍需産業として古河鉱業によって、産銅量が飛躍的に増大した。大規模な銅の採掘、精錬が行われたため、大気や水質の汚染問題が発生した。煙害により上流地域一帯の森林が枯れ死に、広範囲にわたって草木の茂らない不気味なほどの裸地となった。もちろん人体にも深刻な影響をもたらした。

鉱毒水による汚染は、中・下流域一帯の水田でかつてない被害を引き起こした。同時に上流の山岳部の裸地化によって大洪水が激増し、群馬、栃木、茨城、埼玉の各県に毎年のように水害が襲うようになった。とくに多くの支流が集中する低地の栃木県旧谷中《やなか》村（現藤岡町）や利根川の合流点付近の埼玉県北川辺町では大洪水が堤防を切って襲った。旧谷中村はその後廃村となり渡良瀬川の遊水地となった。（詳しくは後述する）。

## 鉱毒被害地・毛里田地区

毛里田村（現太田市毛里田）に焦点を当てる。同村は、渡良瀬川右岸に接する上流地域であった。古来から肥沃な土壌を誇る村落で二毛作（水田五二〇ヘクタール、畑四〇〇ヘクタール）が続けられたが、その一方で洪水の頻発《ひんぱつ》する洪水常襲地でもあった。大洪水は困るが、小規模の洪水ならば豊富な栄養分を田畑にもたらすとして時には歓迎すらされた。明治期の初代村長板橋信次郎（板橋明治夫人茂子の曽祖父）が書き続けた「村長日誌」の一部を引用して水害と鉱害の二重苦の惨状をうかがってみる。水害に苦しみ足尾鉱毒で東奔西走する村長の姿が浮き彫

毛里田村役場（期成同盟会提供）

りにされている。（原文カタカナ、（説明）は平成四年板橋明治が公表・コメントしたものである）。

［日誌］「明治二三年八月二二日、降雨烈敷《はげしく》午後六時頃より渡良瀬川増水す、七時暫時増水、翌二三日午前一二時至も裂敷増水凡《およそ》一四尺八寸にして午後六時頃より次第に減水するなり」（注＝一尺は三〇・三センチ、一寸は三・三センチ）。

明治二三年一二月大洪水に襲われた渡良瀬川下流の栃木県足利郡吾妻《あづま》村（現佐野市）の村長亀田佐平は村議会を開き「多年を俟たずして、荒蕪《こうぶ》の一原野となり、村民悉《ことごと》く離散せん」と陳情書にまとめ栃木県庁に提出している。

さらに村長「日誌」は、

「明治二九年九月八日、昨七日午前八時より暴風降雨の為、渡良瀬川輪川洪水六尺（午後五時頃）午後八時頃又々降雨烈風、八日午後三時五〇分頃増水凡そ渡良瀬川一丈五尺以上午後五時頃止みたり、随而《ずいじ》減水せり」（注＝一丈は三・三メートル）。

（説明）「やがて土手が決壊し一一日には村中の消防隊の夜警が行われることになっていく。これは去る七月二一日の大洪水（一丈五尺位）に続く、この年の第二回目の洪水だが、下流・佐野町（現佐野市）辺りでは二丈五尺（四・五メートル）に達した（大鹿卓《おおしかたく》『渡良瀬川』）と書かれている」。

（説明）「明治三〇年二月一七日、田中正造は他四五人の提出者と「公益に有害の鉱業を停止せざる儀に付質問書」を五八人の賛成者をもって第一〇回帝国議会に提出している」。

［日誌］「（明治三〇年）三月九日、足尾銅山鉱毒事件に付、評議員一同を役場内に招集し、委員一同も出席して協議の上、鉱業停止の請願をなす事に決したり」。

「同三月一三日、早朝板橋他一一人県庁へ出頭、請願書添書乞《こ》う」。

「同三月二二日、右五氏にて午前九時午後二時二回農商務省へ出頭、鉱毒排除請願、先に奉呈したる件に付陳情し帰宿せり、樋口染十郎氏（注＝村会議員）着す」。

（説明）「三月二四日、内閣に足尾銅山鉱毒調査会設置、第二回陳情団『押し出し』三〇〇〇人上京を企つ。」

［日誌］「同年三月三一日、当日中村内務次官鉱毒被害地巡視として、広沢より順次本村評議委員五五人委員六人も案内（村長も同行）。（以下略）。

午後鉱毒排除出願に関する出京の模様、評議員へ報告を併せ今後の方針を協議したり、毛里田村役場内に於て学音寺政談演説会、五月一日あり」

［日誌］「五月二二日、鉱毒事件に付、今回出来事（告訴に関する顛末《てんまつ》事項）被告及び持来の事を協議する為め、評議員会を明二三日毛里田村役場内に開く旨《むね》、評議員五五人へ通告せ

り、斎藤彦三郎臨時雇配布す」

［日誌］「五月二三日、評議員二七人参集し、本来事の顛末を報告せり、及び暫時鉱毒に関する運動を停止する事にして退場す、当日警察署部長巡査六人臨席す、中島安太郎（注＝農民）、亀井惣吉（注＝農民）両人傍聴として来たれり」

足尾銅山からの鉱毒水（「ニゴリ」）を含んだ濁流の到達時間は、平水時で五時間から六時間、降雨時では三時間から四時間である。雨量が多ければ多いほど急流となって流れ下って来る。渡良瀬川最上流の足尾方面に雨が降って、川の水が白く濁れば、農民はいついかなる時でも、自分の水田に飛んでいく。そして取水口を塞《ふさ》ぐのである。農民は、蓑笠《みのがさ》を着て鍬《くわ》を担いで、雨の中を走り回る。子供たちも学校の行き帰りに用水の白い「ニゴリ」を発見すれば、いち早く大人《おとな》に知らせる。緊急の時には火の見やぐらの半鐘も鳴らされた。

「白いニゴリは足尾の鉱毒」、「黒や茶色のニゴリは赤城山や畑のもの」。

白い「ニゴリ」が流下してきたら、農民たちは自らの首を絞めるに等しい取水停止を行った。足尾山地に雨が降れば、古河鉱業所から待矢場土地改良区の管理事務所に連絡が入ることになっていた。しかし徹底してはいなかった。

## 毛里田村の内紛

明治期には鉱毒問題をめぐる村内の醜《みにく》い内紛もあった。『渡良瀬川』（大鹿卓）から引用する。

「（田中）正造は自身で第一線に立つべく帰郷して、まず三〇日（明治三〇年四月）の雲龍寺を手始めに各所の演説会に臨んだ。五月一日は山田郡毛里田村で開かれたが、正造は縷々《るる》三時間にわたる長講を試みて聴衆を嗚咽《おえつ》させた。」

「その後で中島安太郎が閉会の辞に代えた鉱毒事件の来歴を述べたが、『去る二七年には県会議員久保田某なるものが古河から示談金を受け取り、しかもそれをもって私腹を肥やしたのである……』と言いさした時、演壇の後から一人の男が突如駆け上がってきて、後ろから中島の肩を突き飛ばした。指摘された当人の久保田である。聴衆は総立ちとなった。『野郎、なぐってしまえ』と口ぐちに叫んで演壇に殺到した。臨監の警官三〇人余名がこれを遮《さえぎ》ろうともみ合う始末で、騒擾《そうじょう》は実に二時間に及んだ。結局委員を選んで詰責せしめることで会集を鎮《しず》めて、久保田を役所へ伴った。すると大勢がまた役場へ押し寄せて、門外を取り囲んで容易に立ち去ろうとしなかった。このことがあってから、各警察は大いに狼狽《ろうばい》して、被害民にまたまた大挙請願の気配でもあると察したのか、宇都宮及び東京方面への順路を厳重に警戒した。三日の夜などは暴風の中を一〇〇〇余名の警官が徹夜で警戒にあたった」。

毛里田村村長「日誌」は言う。「五月二三日鉱毒事件に付、今回の出来事（告訴に関する顛末《てんまつ》事項）被告及将来の事を協議する為《ため》明二三日毛里田村役場内に開く旨評議員五五人に通告せり」。古河鉱業の示談金という「甘い誘惑」にのせられることも少なくなかった。それは明らかに組織に対する裏切り行為だった。

鉱毒水（「ニゴリ」）による被害が毎年のように確認されていながらも、明治四〇年の谷中村破壊で終る初期の鉱毒反対運動高揚期には、毛里田村の反対運動は大きな盛り上がりを見せなかった。「下野《しもつけ》の百姓」を自認した田中正造（一八四一～一九一三）が活躍した明治期は、同地区は必ずしも鉱毒激甚地とは見なされていなかった。毛里田地区の農民が「一時水《いっとき》」と呼ぶように、洪水も出水もほんの一時で下流へ流された。同時に村内に政治的思惑からの意見の不一致や対立があり、時に結び時に離反するのが常であって反対運動の先頭に立つことはなかった。（戦後鉱毒反対運動を再燃させる拠点に同地区がなって行ったのも、板橋明治ら優れた農民指導者が出たからである）。

## 歴史発掘――足尾暴動事件

明治四〇年（一九〇七）二月の足尾銅山暴動（ストライキ）の際、現場に派遣された陸軍高崎歩兵連隊（群馬県）の詳しい動向「足尾派遣大隊詳報」が、昭和五五年（一九八〇）八月の〝第八回渡良瀬川シンポジュム〟で初めて公開された。この極秘資料は鉱毒被害地毛里田村の農家出身で高崎歩兵連隊本部連隊書記だった鈴木寅一郎が密《ひそ》かに部隊から自宅へ持ち帰って秘蔵していたもので、公表したのは渡良瀬川鉱毒根絶毛里田期成同盟会会長板橋明治だった。

足尾暴動は、日露戦争後の物価高、現場係員や飯場かしらに対する不満が高まって発生したものであった。現場係員へ賄賂《わいろ》を出さないと、よい切羽《きりは》（採掘現場）を与えられないという不満や飯場かしらに対する不満は特に大きかった。飯場かしらは鉱夫（鉱山労働者）の募集をしたり、坑内作業の監視をしたりして、古河鉱業から手当てを受け取った。また鉱夫の給料も受け取り、飯場割（飯代

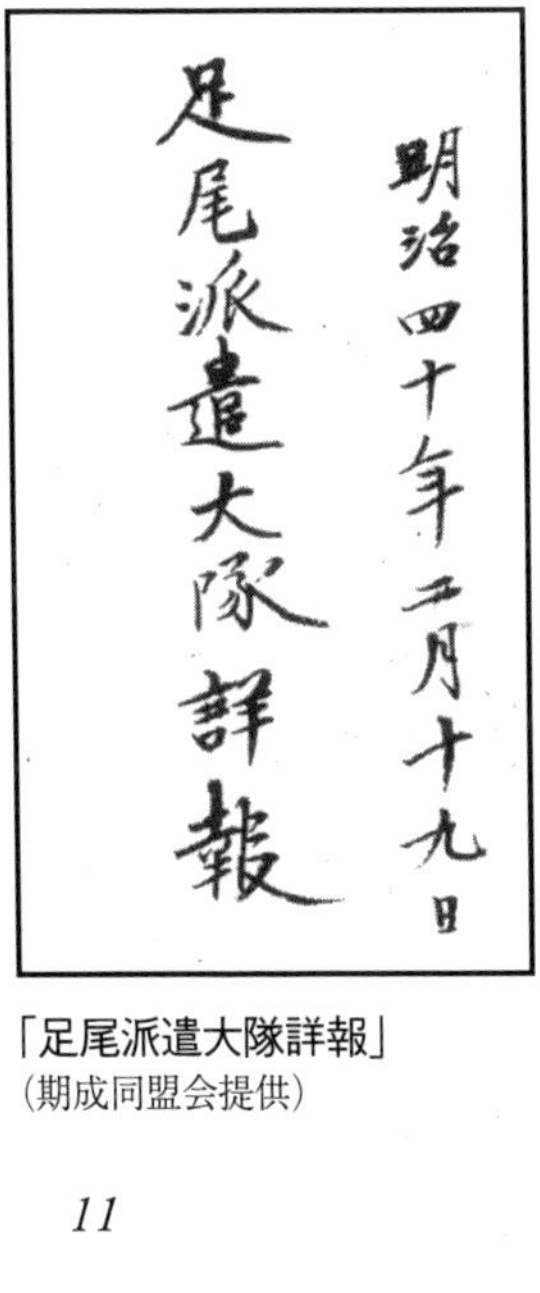
明治四十年二月十九日
足尾派遣大隊詳報

「足尾派遣大隊詳報」
（期成同盟会提供）

など）や借金などを差し引いて工夫に渡した。そこには当然ピンハネも大きかった。労働組合（至誠会）が、この改善のために二四か条の要求を二月六日に会社側に出そうとしている矢先の四日、一部の鉱夫による暴動が起こり、五日には現場事務所などが破壊された。これらの騒ぎは至誠会幹部による説得で納まった。ところが六日に至誠会幹部が警察により逮捕され、日光に護送されたことを鉱夫が知り再び暴動が広がった。七日には高崎から軍隊が派遣され、鎮圧に当たった。次いで警察隊が動員され、鉱夫ら六二八人が逮捕された。鉱業所は一〇日に全ての鉱夫を解雇した後、鉱山で働くことを希望する労働者の名簿を飯場を通じて提出させ、審査のうえで採用することを通告した。暴動によって、全焼した家屋一一六棟、倉庫七棟、事務所七棟にのぼった。（『足尾郷土誌』参考）。

明治四三年夏、関東一円を襲った大水害を契機に渡良瀬川の改修工事が始まり、下流から上流に向かって堤防を構築し始めた。だが軍事費優先の時代であり、築堤工事は経費削減のあおりを受けていっこうに捗《はかど》らなかった。

大正二年（一九一三）九月四日、田中正造が足利郡吾妻《あずま》村大字下羽田《しもはねだ》（現佐野市）の寄寓先の知人宅で息を引き取った。享年七二歳。枕元に残された所持品は、帝国憲法、マタイ伝を綴じた小冊子、新約聖書、日記三冊、信玄袋、菅笠、小石三個、鼻紙数枚などであった。一〇月一二日、田中正造の本葬が生家のある佐野町（現佐野市）の春日岡・惣宗寺で営まれた。葬儀には渡良瀬川沿いの鉱毒被害者をはじめ全国各地から支援者、知人、ジャーナリストなどが詰めかけ、参列者は三万人を越えた。毛里田村村民も葬儀に参列した。正造の客死とともに運動も下火となっていった。

## 足尾銅山の「第二次堆積場」

毛里田地区の地理的特性を明らかにしておきたい。（田村紀雄『渡良瀬の思想史』参考にし、一部引用する）。同地区は渡良瀬川扇状地が広がる群馬県側の付け根の沖積地にある。東の渡良瀬川、西の金山山系の間に広がる村落で休泊用水の取水口に位置する。同地区の地形が暗渠《あんきょ》や沈砂池の設置を難しくした。

鉱毒地の大部分の村落が反対運動を諦《あきら》めはじめたのと正反対に、被害が広がった。板橋明治は怒った。

「鉱毒は明治頃は洪水による拡散が主であったが、大正頃から取水部・毛里田地区に集中した。戦後なって川はますますひどく濁り、渡良瀬川は足尾から鉱毒を運ぶ『ベルトコンベア』に変わって、死の川になった」

毛里田地区農民の古河鉱業との本格的な闘いが始まった。渡良瀬川左岸の堤防完成によって、取水はすべて用水堀に頼ることになった。ところが、右岸の新田、山田、邑楽の三郡の農村はほとんど、渡良瀬川の待矢場《まちやば》両堰、三栗谷《みくりや》用水、新田《にった》堀などから取水していた。（待矢場両堰の用水使用水田は群馬県内の二割を占める）。

三栗谷用水は伏流水を補水するし、待矢場両堰には沈澱用の設備がある。ところが、この三郡の農村には例外がある。毛里田地区と新田郡強戸《ごうど》村（当時）である。毛里田地区は、渡良瀬川に沿った村落であるため、これらの鉱毒排除の機能が働かず、川からそのまま取水せざるを得ない。このため足尾銅山の「第二次堆積場」（農民）の苦難を好むと好まざるとに関わらず強要されたのである。

同地区では、沈澱地の役割をする「鉱毒溜《だ》め」がすべての水田に掘られた。農民は生活防衛の手段として、鉱毒水（「ニゴリ」）の沈澱作用を自分自身で水田一枚ごとに行わざるを得なくなった。田植え時や稲の分けつ時期には、鉱毒が流入することを覚悟の上で最小限の農業用水は取り入れざるを得ない。毛里田地区五〇〇ヘクタールの水田に、六ヘクタール近い「鉱毒溜め」があり、供出も税金も他の農家と同じようにかけられてきた。その上、石灰で中和したり、鉱毒土を

土地改良前の鉱毒塚と板橋会長

現地視察する人たち

さらい集めるなどをしなければならない。「鉱毒溜め」に落ちて命を落とした子供もいた。それほど深い。

農民は語る。

「農家は血の出るような鉱毒防除の努力をしなければならない。それでも反当り二俵から三俵の減収だ（注＝普通の水田の半分程度の収穫）」

水田から次の水田へ走る給水用の水路や溝に、どの田も取水口が設けられている。通常、ここから田植え時や夏の稲の育ち盛りには川水をそのまま取り入れる。ところが、毛里田では一枚ごとに取水口に一坪（三・三平方メートル）ほどの「鉱毒溜め」をつくる。その一坪の中に水が蛇行するように細い迂回水路をS字型にくねらせて一メートルも深く掘っておくのである。渡良瀬川から取水された川水は、この蛇行水路に入って緩やかな流れとなり、鉱毒の泥渣《でいさ》（汚染土）を沈澱させて行くのである。

## 鉱毒の犠牲田

古河鉱業の精錬や採銅の技術が進歩したため泥渣はますます微細になったことが、その沈澱回収を一層困難にしたのである。沈澱による「鉱毒溜め」をいくら深く掘っても、田は取水口から放射線状に育ちがよくなっていく。取水口に近いほど発育がわるい。この地域の農民は近隣の村と比べて五割減収とされた。北関東方言で植物が存分に育つことを「ほきる」と言うが、鉱毒に汚染された渡良瀬川流域では稲の苗が「ほきる」ことが少なかった。

加えて、「鉱毒溜め」に沈澱した汚染土の排除処理が農閑期の農民に重労働を強いた。上州特有の空っ風が吹きすさぶ冬から早春にかけて掘り返し作業をするのである。汚染土の捨て場がなかった。農民たちは、畦《あぜ》に積上げ、農道に捨てる。これは雨とともに結局は水田に流れ込むことを農民は知っている。長年の間に、水田一枚を犠牲にして毒土の墓場を造らざるを得ない。こうしてつくられた「潰《つぶ》れ田」は六ヘクタールにのぼった。それだけではない。米の収穫が上がらない水田は小作争議を誘発したのである。

農民は「犠牲田」が収穫皆無であることを知っていながら稲を植えた。鉱毒の沈澱量や土壌の鉱毒吸着量も、稲を植えない「犠牲田」より多いとされる。鉱毒地の農民が不便を承知で水田を小区画のままとしていたのは、父祖から孫まで三代にわたり引き継がれた鉱毒対策の結果であった。（この陰惨な光景は今日ほとんど見られなくなった）。

太平洋戦争末期・昭和二〇年二月の米軍機B29の一大編隊による空襲は、太田町（現太田市）の中島飛行機の工場やその周辺地域を直撃し、七〇〇人を越える多数の死傷者を出した。その惨状は、この世の地獄だった。米軍機は四月、七月、さらには終戦直前の八月にも襲った。終戦直前の八月一四日夜間、太田町と毛里田村が急襲され大きな被害を残した。巨大な総力戦、未曾有《みぞう》の消耗戦は日本の無条件降伏で終った。敗戦国の民衆を襲ったのは飢えと虚脱感それにささやかな解放感であった。太田町にも米軍が進駐して来た。

## 戦争と鉱毒水

板橋明治は、大正一〇年六月二五日、群馬県山田郡毛里田村只上《ただかり》の中世からの家系を誇る旧家(自作地主)の長男として生まれた。祖父は伊三吉(五〇歳)、父は宗三郎(三〇歳)、母はまさ(二六歳)だった。

彼は昭和一四年(一九三九)県立太田中学(旧制)を卒業し、群馬師範学校(現群馬大学教育学部)第二部に入学した。第二部は旧制中学卒業生を対象に受け入れた。一六年同校を卒業し、新田郡笠懸村国民学校、同青年学校の教師となった。二〇歳の青年教師だった。彼はことのほか読書を愛したが、田中正造の苦闘振りを克明に描写した発刊されたばかりの大鹿卓《おおしかたく》『渡良瀬川』を愛読した。

一二月太平洋戦争が勃発した。戦争の暗い影を避けて通ることはできず、翌一七年一月現役兵として歩兵第一一五連隊（高崎東部三八部隊）に入営した。戦時体制移行の教育法改正のため、教師が現役兵として徴兵されたのである。二月には中国大陸に派兵され、やがてビルマ（現ミャンマー）に転戦して幹部候補生となった。その後シンガポール、ジャワなどに展開し、終戦時は陸軍中尉（士官）だった。その間実家から『渡良瀬川』を送ってもらい繰り返し読んだ。二一年七月若い将校は復員した。二五歳だった。

（大鹿卓は、明治三一年（一八九八）愛知県津島町生まれ、詩人、小説家。三歳のとき家族とともに東京に移る。秋田鉱山専門学校卒、『渡良瀬川』の続編である『谷中村事件』もある。昭和三四年逝去。詩人金子光晴は実兄である。）

太平洋戦争には、毛里田村からも農家の若者が多数駆り出され、隣接する太田町（当時）の中島飛行機・軍需工場で汗みどろになって働かされた。残された年寄りと主婦が中心となって、足尾鉱毒と闘いながら農業を支えていた。

戦争中であっても足尾鉱毒反対運動が消滅したわけではなく、昭和一三年（一九三八）九月に渡良瀬川洪水被害が発生したのを機に、水害対策のため桐生市を中心として結成された「渡良瀬川改修群馬期成同盟会」が主力となって政府への陳情請願が間断なく続けられた。毛里田村も期成同盟会の一員であり水害対策や鉱毒運動に携わった。

毛里田村の農民は鉱毒反対の運動を続けられなかった。古河鉱業に抗議に出向くと「戦争に負けてもいいのか」と脅され「非国民」と追い返された。太平洋戦争中のまる四年間は渡良瀬川の水が澄んだことはなかった。古河鉱業は渡良瀬川を下水道代わりに垂れ流しを続けた。鉱毒被害農民が戦争の最中、増産とひきかえの鉱毒に批判を禁じられ、戦後になって立ち上がる姿は、日清・日露戦争でも同じだった。

水稲の鉱毒症は深刻化する一方だった。田植えの時の苗のままで、分けつしないで草丈《くさたけ》もあまり伸びないのである。穂が出ても小さくて、満足な米は実らない。水田には「鉱毒溜め」や迂回水路が目立って増えた。鉱毒を含む川泥に雑草も、芽は出すのだが根が十分に伸びないまま枯れてしまった。銅イオンで根が傷められるので養分はおろか水も吸えないまま枯れてしまうのである。

敗戦後、村に戻った復員兵や負傷兵たちは戦禍と鉱害で荒らされた農地を目の前にして、食糧増産という国家的要請にこたえるためにも足尾鉱毒と再び取り組まなければならなかった。群馬県は、飢餓突破のため食糧確保を至上命令として食糧事情が好転する頃まで鉱害闘争に積極的に協力した。戦後間もなく燃えさかる毛里田村の鉱毒反対運動は、政府や群馬県だけでなく古河鉱業をも直接相手にする農民運動に高揚して行く。

## 第一次鉱毒根絶期成同盟会

ＧＨＱ（連合国軍総司令部）占領下の昭和二一年（一九四六）五月一〇日、毛里田村村長・長島勝次郎は足尾銅山鉱毒問題を協議するため桐生市をはじめ近隣の一〇市町村の村長ら責任者に呼びかけて同村の毛里田国民学校（現小学校）で協議会を開いた。その後村長長島は村独自の調査として戦時中の農作物に対する鉱毒被害額を群馬県知事に報告し対応を求めた。報告によると被害損額は年毎に増え、昭和一六年度が一四万七〇一五円七八銭（金額は当時、以下同じ）、一七年度が一九万七七四七円五八銭、一八年度が二七万一八一八円五〇銭、一九年度が三七万八三八円一二銭、二〇年度が一七七万八五〇八円、二一年度が四三二万一六八九円にも上った。合計では七〇八万七一一六円九八銭の巨額である。

農家では昔から「畝《せ》取り」といって反当り一〇俵（六〇〇キログラム）が収穫目標値であり、これが収穫できれば精農家といわれた。ところが毛里田地区ではその半分程度の五俵（三〇〇キログラム）前後が昭和一〇年から二〇年代の一般的な水田の収穫量で、それを越えることはなかった。

地元旧家（地主）生まれで太田中学（旧制）から東京帝大法科を経て、内閣書記官（現総理大臣秘書官）を務めた小暮寛次は、戦後帰郷して毛里田村農民組合長を務めていたが、「東毛地方鉱毒根絶期成同盟会」を結成し自ら初代会長となった。小暮は高級官僚としてアメリカ滞在が長く、アメリカ流民主主義者だった。

同盟会では古河鉱業との交渉を忍耐強く進めるため農林大臣や県知事を村へ呼んで窮状を訴え、石灰を提供させ鉱毒田の酸性中和を続けた。その結果、戦後の食糧難の苦境を何とか凌《しの》ぐことが出来た。この間、米軍占領下の関東地方は、昭和二二年（一九四七）九月のカスリーン台風、翌年九月のアイオン台風、さらに二四年九月のキティ台風と大型台風に相次いで襲われ、渡良瀬川流域はかつてない大水害に打ちのめされた。カスリーン台風の大災害を契機に、渡良瀬川流域農民は水害防止の運動にも立ち上

**カスリーン台風の被害**（桐生市内、国土交通省渡良瀬河川事務所提供）

がった。被害の三カ月後の昭和二二年一二月、渡良瀬川改修群馬期成同盟（戦時中に発足）を再発足させ、堤防構築の促進を建設省（当時）に求める運動を進めた。

毛里田村では扇状地と地表のすぐ下が河床だったなごりで、石や砂という地形的構造が太平洋戦争後一変してしまった。それは東岸（左岸）の堤防整備事業による。繊維産業で栄えた桐生、足利などは戦後カスリーン台風などによる大水害に見舞われた。これら左岸側の自治体の洪水による生命・財産への損害を防ぎ、工業化・都市化を促進するため堤防が構築されることになった。だが、これは堤防の低い右岸の毛里田地区を激甚被害地に変え、さらなる悲劇を生むことになる。（今日渡良瀬川は左右両岸とも洪水対策のため堤防が整備されている）。

二五年六月、朝鮮戦争が勃発し、特需によって足尾銅山の銅産出量は再び急増した。これは渡良瀬川が鉱毒水を激増させることにつながった。戦後足尾製錬所が導入した「自熔精錬方式」を中心に銅山側の動きを見てみる。

「古河鉱業足尾製錬所による銅精錬は、従来溶鉱炉によって行われてきたが、戦後昭和二〇年代後半すでに耐用年数に達し、設備の大改修あるいは更新の時期に当面していた。そして、その更新にあたっては、単なる同型の新設備への更新ではすまない二つの問題に直面していた。その一つは、溶鉱炉方式に不可避的に付随する排煙中の亜硫酸ガスによる煙害問題であり、その二は、元来溶鉱炉は塊鉱を前提とした精錬方式であるにもかかわらず、戦後低品位原鉱石の処理のための浮遊選鉱によって、粉鉱が増え、それを溶鉱炉で処理するためには団鉱焼結の工程を必要とする問題であった。つまり、亜硫酸ガスを完全に回収し、かつ微粉精鉱の処理に適した精錬方式が要請されていたのである。

——（中略）——。たまたま当時フィンランドのオートクンプ社で、新しい精錬方式であるフラッシュ・スメルティング（自熔精錬）を採用していることを知るに至った。そこで当社ではさっそくオートクンプ社のハルヤバルタ製錬所に技師を派遣して調査した結果、この新方式が足尾の特殊事情に適し、かつ精錬費も低廉《ていれん》であることが判明した。こうして二九年一〇月、日本で最初の自熔炉建設に着手し、同三一年二月末に完工、同年三月一五日から操業を開始したのである。

——（中略）——。自熔精錬の操業開始後、古河はその長年に亘って涵養《かんよう》した精錬技術の粋を注入して、この新技術にさらに改良を加えて、実際操業に最も適した古河式自熔精錬法を完成させた。この実績が内外において高く評価され、国内の各社及び海外にまでその技術指導を行うに至った。」（『創業一〇〇年史』（古河鉱業株式会社））。本文中では流域対策には全く触れていない。

昭和二七年（一九五二）渡良瀬川の農業用水不足解消策として、右岸の待矢場用水組合は、補給水工事をすることになった。これに先立って、古河鉱業から建設費用の一六分の一の八〇〇万円を受け取った。（当時大卒の国家公務員初任給が六〇〇〇円程度である）。この結果、地元市町村長の指導で、「同盟会の積極的発展」という古河鉱業の狙《ねら》い通りの方針を決議し、同盟会を解散することになった。せっかく燃え上がった鉱毒反対運動はわずかに七年足らずで頓挫《とんざ》することになった。だが、それ以上に口封じの「八〇〇万円」の金銭授受がその後の反対運動に「壁」となって大きく立ちふさがることになる。

# 第二章　源五郎沢決壊、戦後最悪の鉱毒被害

「『鉱毒』ということばには神経が緊張します。重圧感が襲ってきます。どうしてもこの重圧感に。これは私どもが、こういう（足尾銅山）鉱毒と農業を闘いながら父祖三代やって来たけれども、何としても解決したいという鬱憤がこの中に込められているのであります」

（会長板橋明治、「講演」より）

（筆者＝古代ギリシャの「シジフォスの神話」を思わせる）

「毛里田地区が『第二の谷中村』にならないように、努力してまいりたい」

（同　右）

## 昭和三三年──源五郎沢の決壊

渡良瀬川の流域は戦後最大の鉱毒被害に突然襲われる。昭和三三年（一九五八）五月三〇日昼前、栃木県足尾町の源五郎沢堆積場《たいせきじょう》が決壊し新たな一大鉱害事件を引き起こす。最悪の悪夢が現実のものとなって襲ったのである。（林えいだい『望郷　鉱毒は消えず』を参考にし、一部引用する）。

源五郎沢は足尾町の鉱山堆積場のひとつで同町の最南端にあり、国鉄（現ＪＲ）足尾線単線の原向《はらむこう》駅の一〇〇メートル手前だった。銅山が捨て続けボタ山のように積まれた鉱滓《こうさい》が突如崖崩れのように決壊し、なだれをうって流出した。（源五郎沢堆積場は堆積量からすると、足尾銅山の一四ある堆積場のうち八番目の量に上る）。廃石の山崩れは、足尾線を一五〇メートルに渡って押し流し、渡良瀬川渓谷の流れをせき止めた。源五郎沢の直ぐ手前で決壊を目撃した町民は証言する。

「確か、客車が通ってすぐ、ゴーッという大きな地響きがしたと思うと、泥流がもう家の近くまで来ていました。全く生きた気持ちもしませんでした」

足尾線は一時不通になり、四方を山に囲まれた足尾町では群馬県側との交通が遮断《しゃだん》された。源五郎沢は、パイプで送られてくる鉱滓を山の上から沢に落とすだけで、堆積物の予防設備は簡単な鉱毒泥（鉱石カス）の土手しかなかった。この中ほどに三メートル四方の丸太造りの「落とし」があり、濁水は「落とし」から渡良瀬川に垂れ流されていた。起こるべくして起こった決壊だった。川は粘土を溶かしたような、どろどろとした鉱毒水の「死の流れ」に変わってしまった。鉱山関係者はもとより農民を恐れさせたのは、通常豪雨の後に起こる決壊が、晴天続きの初夏に起きたことであり、しかも想像を超えた大決壊だったことである。

この日正午頃、朝日新聞桐生通信部の記者から毛里田村役場（当時）に電話取材があった。「足尾で堆積場の大決壊があり鉱毒が大量に渡良瀬川に流出したが、聞いていますか」。これを受けた役場の職員から村会議長板橋明治に一報が届いた。

約二〇〇〇立方メートルもの鉱滓が流出したことは、毛里田村など下流域地区の田植え前の苗代田や水田約六〇〇〇ヘクタールに鉱毒が流入したことを意味した。事実、鉱毒水は水門を閉めるいとまもなく水田に流入してしまった。

板橋は、流域では戦後最大の被害に発展する恐れがあると直感した。事件は、板橋ら農村の指導者層に決意を促し、被害激甚地・毛里田村の鉱毒反対運動が再び燃え広がる一大契機となるのである。（古河鉱業では、これだけの大事故でも下流の農民には一言の連絡もしない一方で、国鉄（当時）には一七五万円の被害補償金を払ったことが、後日判明する）。

流域農民からの問合せ・苦情・抗議が行政当局や農協に殺到した。山田、桐生農業災害対策委員会から群馬県太田農政事務所に足尾陳情の連絡をして欲しいと申し入れた。

一週間後の昭和三三年六月六日、群馬県太田農政事務所から、流域の三市三郡（桐生・太田・館林の三市、山田・新田《にった》・邑楽《おうら》の三郡）の市町村長、議長、農業委員会委員長宛てに連絡があった。足尾銅山の源五郎沢決壊に対し、抗議のため現地に代表を送り込むこと、その際一カ所に集合せずにそれぞれの判断で足尾町に向かい古河鉱業所有ゲストハウス「掛水倶楽部《クラブ》」前の集会所に結集する方針が伝えられた。県太田農政事務所長が六月六日付けで送った「足尾銅山鉱毒に関する陳情」の要請文は呼びかける。

「渡良瀬川を水源とする東毛三郡下の水稲栽培面積は約五八〇〇町歩にして其の灌漑水により足尾銅山鉱毒被害は毎年甚大である。尚《なお》裏作田は強酸性土壌になるので米麦類も被害が大きい。其の改善対策に対し左記により足尾銅山へ陳情致すことになりましたので、公私とも御多忙中と思われますが、御出席願います」。

足尾銅山への抗議を主張した板橋は、毛里田村長久保田信四郎、農業共済組合長小林勝次らと協議して同村では足尾銅山へ率先して抗議することを決めた。各地区の代表たちは国鉄足尾線に

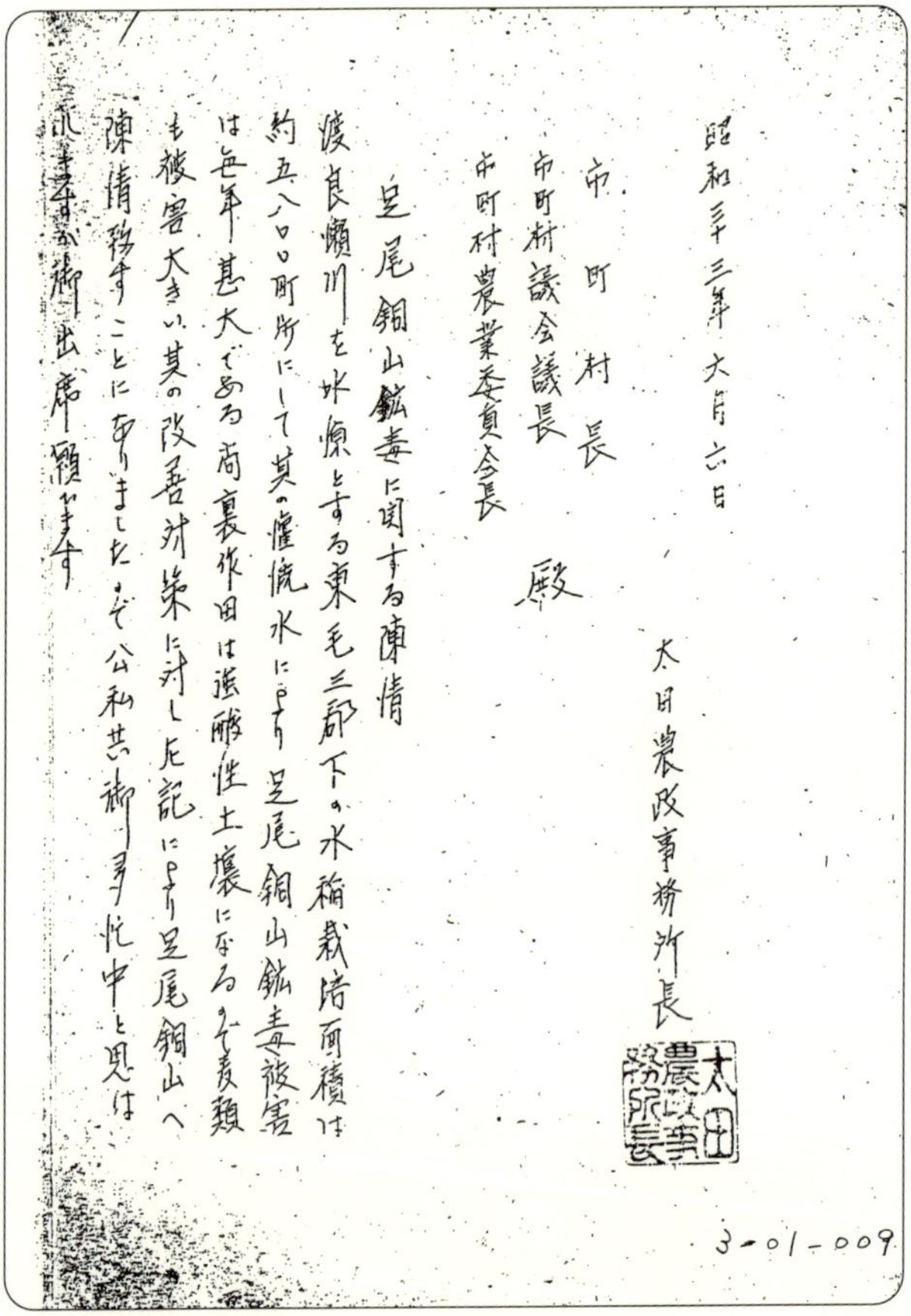

昭和三十三年六月六日

市町村長
市町村議会議長
市町村農業委員会長 殿

太田農政事務所長（印）

足尾銅山鉱毒に関する陳情

渡良瀬川を水源とする東毛三郡下の水稲栽培面積は約五八〇〇町歩にして其の灌漑水により足尾銅山鉱毒被害は毎年甚大である尚裏作田は酸性土壌になるので麦類も被害大きい其の改善対策に対し左記により足尾銅山へ陳情致すことになりましたので公私共御多忙中と思はれますが御出席願います

3-01-009

足尾銅山への「陳情」呼びかけ（昭和33年6月6日付け）

乗って古河鉱業・足尾銅山事務所へ抗議に急ぐことになった。両毛線と足尾線が乗り入れている桐生駅のプラットホームで足尾線の発車を待っていると、毛里田村矢田堀の恩田正一《しょういち》（酪農家）夫妻が近寄ってきた。

「今日は偉い人が大勢そろっているが、何かあるのかい」

事態を知らない恩田は笑顔で声をかけてきた。

「新田・山田・邑楽三郡の代表が足尾銅山に抗議に行くところだ。古河が鉱毒を流してどうにもしょうがない」

「鉱毒を流しながら何の連絡もしてこないのだ」

久保田と板橋は笑顔を返す余裕もなく激しい口調で相次いで伝えた。

「それなら俺たち夫婦も足尾に行ってもいいか」

恩田夫妻は事態のただならぬことを知って顔から笑顔を消した。そして同行することになった。列車は渡良瀬

集会場に接した「掛水倶楽部」（足尾町）

川渓谷沿いをあえぐようにして走った。そのゆっくりした速度は、抗議に出向こうとする代表たちの焦りを一層つのらせた。会場の「掛水倶楽部」前の集会所には農民ら一〇〇人を越える代表が集まった。しかし、せっかくたどり着いた足尾銅山事務所では責任者の所長は不在とのことで、総務部長と係員が応対に出た。農民代表は、要望書を提示した上で厳重に抗議した。

要望書の内容は、

①源五郎沢決壊の失態に対して損害補償を実施し、今後鉱滓が流入しないように設備及び処理を完全に実施せよ、

②設備の故障破損によって流入した場合は必ず連絡せよ、といったものであった。

だが鉱山側は従業員数や産銅額などをくどくどと説明した上で、源五郎沢決壊について事実関係をわずかばかり説明するだけだった。昼時になり、会社側から机の上に簡単な弁当が配られビールビンが並べられた。だが、抗議側は初めて足を踏み入れた鉱山内部の驚きを話し合うばかりで誰も弁当などを手にするものはなかった。

その時、会場の入口に座っていた恩田正一が大声を張り上げた。

「俺は帰る」

恩田夫婦は立ち上がって会場を出て行った。板橋は後を追った。恩田は「笠懸《かさかけ》村（当時）の木

村寅太郎（元衆議院議員）の自宅へ向かう」と言い残したまま戻らなかった。農民たちは午後になって決壊現場を視察した。会社側は、農民代表のひとりで初老の桐生農業委員会委員長丹羽源一を座長として協議を始めた。（丹羽は桐生市広沢町の出身で、桐生市農協組合長を長期勤めた。県連役員も務めた農協の実力者のひとりである）。その結果、会社側とは改めて桐生市役所を会場に協議をすることになり、会社側はそれまでに事実関係などの調査をすると伝えた。

ところが、その後になって妙なうわさが飛び交った。農民側は「古河鉱業から示談金を受け取っていて、抗議は出来ないようになっている」というのである。

新聞はこの日の動きを報じている。（昭和三三年六月一三日付け、「朝日新聞」（原文ママ、一部訂正））

「足尾の古河鉱業廃鉱汚水ダムの決壊で水田が汚され被害を受けたと下流の桐生、太田、館林、山田、新田、邑楽の三市三郡と栃木県側の関係代表は一一日足尾町の古河鉱業所長（注＝誤記）と会い▽今度の事件に対する水田作物の損害補償▽ダム設備を完全なものにして二度とこんなことが起こらないようにする▽今後起こった場合は関係機関に直ちに通報するなど三つの要求をしたが、古河鉱業所側では『水田の損害については代表側で正確なものを調べた上、二三日に桐生市役所で再び会合し、所長がこれを本社に報告した上で善処する』と言う回答で別れた。しかし鉱毒問題では去る二五年（注＝誤記）被害が起こった際、古河から八〇〇万円の金が出され『今後は一切損害補償の要求をしない』と一札を入れて待矢場土地改良区関係組合を代表して受取り、保管してあるといわれており、今度の問題で古河本社が果たして補償に応ずるか、疑問だと関係者の一部ではみている向きもある。」

八〇〇万円授受の情報を新聞記者は古河鉱業から入手したと思われる。

## 源五郎沢は戦時中につくられた

明治一〇年代以来の増産で処理された鉱滓は、垂れ流し同然で渡良瀬川に投棄され続けた。それが明治二〇年代の二度の大洪水で大量の鉱毒を下流域に流し込み、農民に〝生き地獄〟を強要した。明治三〇年代になって政府の指示で鉱滓を流すことが制限された。鉱毒排除命令だが、企業は「予防命令」と呼んだ。しかし狭い谷間にある銅山が数一〇〇〇万トンの鉱滓を川に投棄しないということは、山肌に点在する沢に堆積する以外に方法がない。こうして足尾町の沢という沢に一〇カ所余りのボタ山のような堆積場が生まれ、それらがまた新たな鉱毒垂れ流し事件を流域に強《し》いして来たのである。

鉱毒事件再燃の「元凶」となった源五郎沢堆積場は、太平洋戦争中の昭和一八年（一九四三）一〇月に増設されたものである。安全対策など皆無に等しい。翌年一月、古河鉱業は軍需会社に指定され、生産資材や労働力の優先配分を受けた。それにもかかわらず、それらの絶対的不足は続いた。こうした中で、足尾銅山では、強制連行されてきた中国人捕虜、朝鮮人労働者を坑内の作業に従事させた。戦争末期に至ってはそれまで単なる捕虜として扱っていた欧米人捕虜も強制労働に従事させた。

## 第二次根絶期成同盟会

六月一一日、太田・桐生・館林の三市、新田・山田・邑楽の三郡の市町村長・議会議長、農協長、農業委員会長などの代表が足尾鉱業所へ出向き、損害の補償と恒久的施設を講ずるよう要求したが、話し合いは物別れに終った。

本格的交渉は、被害者代表と会社側・足尾鉱業所長上山、副所長西川、参与佐久間ら四人が出席し、六月二三日午後一時から桐生市役所水道局で行われた。座長には矢場川村（現太田市）村長新井勝次が選ばれ、被害地の代表として積極的に発言した。農民や地元自治体の要望は、

①決壊の被害を受けた河川の復旧を、六月三〇日までに完成させること、

②被害の恐れのある場合には、桐生市役所、館林市役所、毛里田村役場、待矢場両堰土地改良区、利根川右岸土地改良事務所へ速報すること、

③水田苗代の被害面積、待矢場両堰と土地改良区四二九町歩、岡登土地改良区一二町歩、広沢用水整理組合七町歩、赤岩堰土地改良区五町歩、合計四五四町歩に対し、反当三〇貫の災害用石灰、この補償金額二五七万円、さらに本田二号の被害程度を見た上で第二次損害補償を要求する、という内容であった。（当初会社側から提示された補償額は七〇万円でしかなかった。一町歩は約一〇〇アール）。

足尾鉱業所長上田は、①、②、③の要求は了承するとしたが、損害賠償については本社に報告し善処したいと回答を避けた。引続き損害賠償をめぐって六月三〇日、七月一日と二度にわたって交渉がもたれたが、農民側は満足な回答を得られなかった。

一方、通産省（当時）鉱山監督局では、「豪雨のため起きた不可抗力の事故」だと発表した。これには農民が憤激した。

「足尾の測候所の記録を調べれば、すぐ分ることだ。その前後何一〇日間も降雨がなく麦類が日照り続きのため枯れる心配があった。晴天無風の日に起こった大災害である」

鉱山局は先の発表を撤回しなかった。

四〇日の後、七月一〇日、毛里田村の被害農家によって「毛里田村鉱毒根絶期成同盟会」（第二次根絶期成同盟）が結成され、毛里田小学校講堂で全農家一〇〇〇戸の総決起集会を開いた。農協組合長の恩田正一が会長に推された。副会長には村会議長板橋明治が就いた。三七歳。十数人の警察官が監視をするものものしい雰囲気の中での開催だった。この日、議長は板橋が自ら求めてつとめた。大会では、従来の「鉱毒対策同盟」の反対運動の反省に立って「毛里田村鉱毒根絶期成同盟会」を結成したことが報告された。運動方針は四点を柱とすることを決議した。①足尾銅山から渡良瀬川への鉱毒流出を許してきたのは政府の責任である。②鉱毒は補償金の問題として解決するのではなく、発生源で防止する。③役員だけの運動であってはならない。被害者全員が運動の主体となる。④運動に必要な経費は農民各自が耕地面積に応じて負担し、その他の経費は地方自治体の責任で支出させる。

足尾銅山の荒廃ぶり（期成同盟会結成当時）

七月一六日、毛里田村議会は、①政府が鉱毒流出禁止法をつくること、②足尾鉱業所は被害を補償せよ、の二点を決議し直ちに政府や国会、県知事、県議会に送付した。村議会はその後臨時議会を招集し、村費の中から八〇万円を運動費として支出することを決め、農協も五六万円を運動費に提供することになった。

第一次期成同盟会会長の小暮寛次の例にならって、毛里田村から東毛（群馬県東部地区）三市三郡の会長を出そうとの要望が同村内で高まり、毛里田村村長・議長名で地元選出代議士・東毛三市三郡の首長と委員会などを足利市の料亭「相州楼」に招き、恩田の会長就任を事前に取り付けた。

八月二日、東毛三市三郡渡良瀬川鉱毒根絶期成同盟会が再建され、予定通り恩田が会長に就いた。被害農民一〇〇〇人が加入した毛里田村以外は桐生・太田・館林の三市長などが顔をそろえた「市町村当局者や農協代表者のみの官制団体」だった。同盟会の要求は生活権に直結することであり、何よりも河川汚濁を絶対に許さないことを最重要項目にした。渡良瀬川をよみがえらせるための水質基準の設定である。河川を「産業廃棄物の垂れ流し場」、「ゴミ捨て場」とみる現代文明への痛烈な批判と反省を求めたものである。根絶期成同盟会はその後も古河鉱業所と交渉に当たった。だが大きな進展は見られず同盟会幹部の怒りはつのった。

## 知らされなかった八〇〇万円の授受

桐生市役所での度重なる交渉は銅山側が誠意ある回答を示さなかったことから一向に埒《らち》が明かなかった。しびれを切らした地元自治体や同盟会役員ら一五人は東京・丸ノ内の古河鉱業本社に抗議に出向いた。その際、驚くべき事実を突きつけられた。

「皆さんに文句を言われても、こちらは八〇〇万円を渡しているのです。『今後、鉱毒問題で下流の皆さんたちは一切異議を出しません』との証書がありますよ。良かったらお見せしましょうか」

取締役熊沢は余裕をもった口調で語った。農民間で薄々感じられていた「八〇〇万円金銭授受」はやはり事実であった。この段階では即断できないものの事実と考えざるを得なかった。抗議に訪れた三市三郡と毛里田の代表は驚きと失望に打たれ言葉が接《つ》げなかった。怒りと共に空しさを感じざるを得なかった。

「待矢場《まちやば》両堰土地改良区に対して八〇〇万円寄付をいたしました」。

流域の被害農民が知らない所で、鉱毒の補償問題が話し合われ、示談金が支払われていたのである。取締役は昭和二八年一二月の契約書写しをちらつかせながら説明を続けた。

「私たち足尾製錬所（注＝昭和三一年八月、足尾製錬所と改称）では、通産省（当時）鉱山監督局が指示した設計通り堆積場へ鉱石カス（鉱滓）を捨ててきました。鉱業所の責任は一切ありません。あの決壊はどういうことで起こったか研究中で、目下調査しています。どうして決壊したかの原因については当社の責任ではありません」

鉱山監督局の指示した設計に誤りがあるのかどうか調査する段階にあり、責任を追及される言われは無いと無愛想に語り、被害農民に謝罪する姿勢は見せなかった。挙句《あげく》に「鉱山監督局に責任があるのだから、文句があるのならそちらへ行って欲しい」と言い出した。

農民側代表の板橋は反論した。

「たとえ金銭の授受があったとしても、その問題と今回の農民個々の鉱毒被害とは別問題だ。問題をすり替《か》えるな」

「われわれは貴重な農作業の時間を潰《つぶ》して本社まで来ている。大体これだけの事故を起こしておきながら、下流のわれわれのところにはお見舞いにも来ないではないか」

邑楽郡の代表が追求した。

「頭を下げろ」、「謝りを言え」。批判の声が飛び交った。

「鉱山監督局に設計の責任も、決壊の責任もあるといったが、鉱山局からは決壊現状の視察に一度でも来ているのか」

「まだ来ていない」

「いままで決壊なんて日常茶飯だった。渡良瀬川に落として捨てるような設計になっているのだから、雨の降るたびに流していた。渡良瀬川はドブ川だ。源五郎沢の決壊も、大雨で大洪水のときは少々決壊しても分からないほどだ。次の協議には、どちらに責任があるか明らかにしたいから鉱山監督局長を連れて来い」

副会長丹羽が怒鳴り上げた。

銅山側は折れた。

「次の交渉の時はお呼びしましょう」

## 国会議員立会いの示談金

「八〇〇万円金銭授受」の情報を聞いた毛里田村などの農民たち二〇人余りは大雨が大地をたたきつける中、待矢場両堰土地改良区事務所（現太田市浜町）に押しかけた。昭和二七年末に要望書が提出され、それに基づいて上流の伏流水工事が、鉱毒対策事業の一部補助として八〇〇万円を古河鉱業所から寄付されたことが明らかになった。契約書は待矢場両堰土地改良区理事長蓮沼貞一と古河鉱業株式会社代表取締役社長新海英一が正式に交わしたものであった。しかも、契約書には群馬県知事北野重雄をはじめ長谷川四郎、松井豊吉、笹本一雄の三人の地元選出衆議院議員が立会人になったことも記されていた。

農民たちは、古河鉱業側から契約書の存在を聞かされて初めて真相を知ったわけで、役員の責任問題にまで発展した。だが現金の八〇〇万円が預金通帳に記載されていたことから不問に付されてしまった。この寄付金授受が後々まで大問題として残った。

昭和二七年の群馬県『渡良瀬川右岸土地改良事業概要』は記している。群馬県農業試験場の水質試験によれば「水中可吸態銅分の一七五〇ppmが検出され」、さらに「足尾鉱業所沈澱地放流中の可吸態銅分は六〇ppm、硫酸分一六〇ppmで水稲用の許容銅分含有量は一ppm内外であり水稲に大なる支障を来たし」、鉱毒被害面積は三・八ヘクタールにわたり、過去一〇年間の平均減収分は、水稲六、六六〇石、大麦三、六六〇石にのぼる。(一石は一八〇リットル)。

この年、待矢場両堰土地改良区が中心となって農民は「渡良瀬川沿岸鉱毒対策委員会」を結成し、古河鉱業に「要望書」を提示した。

明治二三年以来、農民は古河資本に繰り返し「要望」「要求」を提出した。その量はいかに大量に達していたことであろうか。そして常に低額の金銭示談をもらって終わりを告げた。昭和二七年も同じ結果に終った。わずか八〇〇万円の示談金、立会人に地元の議員（三人の自民党国会議員）、そしてこの示談成立以降は、農民は古河鉱業に対して「鉱毒又は農業水利に関する補償要求又は之に類する一切の要償行為を絶対に行わない」という契約の一項まで、六〇年前の明治二四年と同じだった。

毛里田の板橋ら農民は「示談」ではなく「鉱毒根絶」を求める。示談金は一時的解決でしかない。鉱毒は永遠に水田に残った。三市三郡の農民は示談ではなく、鉱毒根絶を要求して鉱毒根絶期成同盟会を結成した。毛里田の酪農家で元県会議員恩田正一が会長になり、毛里田村の責任者に村会議長板橋明治が就いた。

（長谷川四郎は、群馬県選出の自民党衆議院議員で明治三一年一月七日生まれ、群馬県大間々町出身。群馬県議を経て昭和二二四年以降群馬県二区から衆議院議員に連続一四回当選した。四三年佐藤内閣の農相、四七年衆院副議長、五一年福田内閣の建設相を歴任した。六一年政界を引退するまで鉱毒問題にかかわりを持つことになる。）

この頃、渡良瀬川左岸の桐生川からサイホンで右岸の毛里田地区に導水する計画や群馬用水から取水する案などが計画された。結局、浸透水を薄めて使用する工事が昭和三四年総工費一億六〇〇〇万円で完成し、知事竹腰が深々と頭を下げて神に祈った。だが頼みの水は出なかった。その時の古河鉱業への工事費要請が八〇〇万円であった。当時人口一万人、一二〇〇戸中、第二種兼業農家を含めて農家一〇〇〇戸、農地五五〇町という毛里田村は、鉱毒泥土が用水樋門を閉めない限り、また清流でない限り毎日水田に流入した。加えて地層が漏水田のため鉱毒物質の蓄積が激しく、結局は「足尾鉱毒第二堆積場」となり、通常の汚水対策ではこの鉱害を切り抜けることは不可能になった。

毛里田村を襲った鉱毒事件は、当初政府やメディアからは渡良瀬川流域の「小さな事件」と見られがちだった。それどころか、渡良瀬川鉱毒事件は戦前に「決着済み」とも見られていたのである。これに強い危機感を持った副会長板橋は、村内農民の説得や県内各地を訪ねるためラビットスクーターを購入した。田畑を売って購入資金を確保したのである。(「土地改良だより」No・7より)。

これより一カ月余り前に起きた江戸川の一大水質汚染事件とその後の流血の惨事が、渡良瀬川鉱毒事件にも大きな衝撃を与えることになる。

## 江戸川・本州製紙水質汚濁事件

昭和三〇年代、日本列島は環境破壊が進んだ。主要河川ではかつてない水質汚濁やゴミの不法投棄にあえいでいたし、都市河川では悪臭や腐臭を放って死んだも同然だった。大規模な自然破壊に歯止めをかける法律すら整備されていなかった。戦後の高度経済成長政策の大きなツケである。水害も増える一方だった。

昭和三三年四月六日、東京都と千葉県の境を流れ東京湾に注ぐ江戸川下流で河水がどす黒く濁っているのを、河口で投網漁をしていた漁民や遊漁船の船員が見つけた。（山本周五郎の佳作『青べか物語』の舞台となった漁業の町浦安である。今日ではディズニーランドで知られる）。やがて魚は白い腹を見せて浮きあがり、貝は口をあけて死滅するなど漁獲量が減り始めた。（前田智幸『いのちがけの陳情書』、川名英之『ドキュメント　日本の公害』、『浦安町誌』などを参考とし、一部を引用する）。汚染源は河口から約七キロ上流にある東京都江戸川区東篠崎町の本州製紙江戸川工場であることがわかった。

工場は原木から直接ケミカルパイプを製造することになり、六日前の四月一日から導入した最新機械を使って操業を開始した。この新しい製造法はS・C・P（セミケミカルパルプ）法と呼ばれ、製造過程で排出される汚濁水が工場前を流れる江戸川に垂れ流されたのである。汚水の主な含有物は硫酸アンモニアであった。当時、江戸川の水質は悪臭を放つ隅田川などに比べればはるかに良好で、河口付近の海は魚介類の宝庫として知られていた。東京都心に近いこの漁場を生活の基盤にしている漁民たちにとって、工場廃水の垂れ流しによる漁業不振は大打撃である。

四月二三日、投網漁を生業《なりわい》とする漁民代表二〇人が工場を訪れ早急な善処を要望した。これに続いて各関係漁協が工場側と交渉を行ったが、工場側は抜本的改善策を何ひとつ取ろうとしなかった。五月に入ると、廃水放流の影響が一段と深刻になった。黒い流れで清流を失った江戸川とその東京湾河口周辺では魚貝の大量斃死《へいし》が相次ぎ、とくに特産のアサリやハマグリ

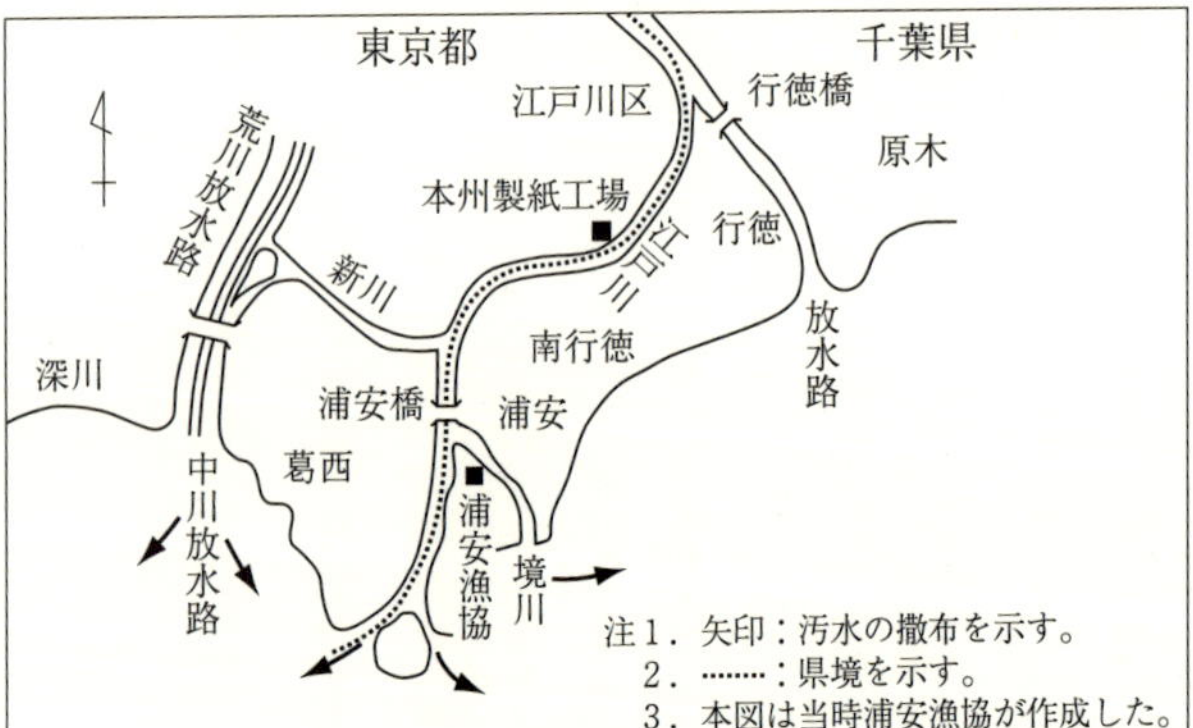


**排水流出状況経路**（若林敬子『東京湾の環境問題史』より）

など貝類が口を開けて死滅していった。これも特産の養殖海苔《のり》も全滅に近い状態だった。江戸川を遡上《そじょう》する稚アユも大幅に減少した。

「もう黙っちゃいられない。魚や貝がこんなに死んでは、この地域の四〇〇〇人のメシの食い上げだ」

河口を漁区にしている江戸川区葛西浦、城東、深川など東京側五組合、浦安、行徳《ぎょうとく》など千葉県西側四組合、合計九つの漁業協同組合が立ち上がった。各漁協は足並みをそろえて抗議運動をすることになり、五月二四日、漁民約四〇〇人が本州製紙江戸川工場に押しかけて抗議行動を展開した。漁民たちは排水溝を壊し、工場の構内に水を流す実力行使に移った。工場側は一時、廃水放流を中止して漁民側と話し合った。だが、交渉は決裂し六月二日再び汚水を流し始めた。激怒した漁民代表は翌三日工場を訪れ厳重に抗議した。

「約束が違うじゃないか」

「廃水は無害です」

工場側はそっけなく回答し、垂れ流し停止要求を一蹴《いっしゅう》した。

六月五日、漁協からの直接訴えを受けて、東京都水産課と千葉県水産課が合同で葛西浦から浦安海岸にかけて魚場への影響を調査した。結果は明白であった。工場廃水垂れ流しの影響で、貝類が大量に死滅し、小魚類は汚れた海水を避けて別の海域に逃げてしまったことが分かったのである。事態を重視した両都県水産課は本州製紙専務堀を呼び、廃水の垂れ流しを直ちに中止して、漁民側と話し合うように口頭で勧告した。

これを受けて工場では、七日朝から放流を中止し、京葉開発専務理事鈴木武（人物不詳）と高井嘉郎（同前）の二人を仲介者として、漁民代表、行政当局などで構成する調査会を設置し、この場で折衝したいと漁民側に提案した。漁民側の怒りも、これによって多少は静まったかに見えた。

ところが、工場側は六月九日正午、調停役の東京都や千葉県にも連絡せず、抜き打ち的に三度目の廃水垂れ流しの暴挙に出た。放流強行は工場側に非があった、としか言えまい。漁民たちの怒りは爆発し、全漁民が抗議行動に立ち上がった。

## 工場乱入事件・発生

一〇日正午から、浦安漁協は浦安小学校を会場に本州製紙江戸川工場の汚水垂れ流し阻止の町民集会を開いた。

参加者はねじり鉢巻姿の漁民約一〇〇〇人である。集会では「汚水放流の即時停止」などを決議した後、浦安漁協の組合員を中心に行徳、南行徳などの漁協の漁協組合員合わせて約七〇〇人で陳情団を結成した。浦安町（現浦安市）町長宇田川謹一を先頭に貸し切りバス一二台をはじめ、ハイヤー、自家用車などに分乗して国会議事堂に向かった。

国会に着くと、代表が千葉一区（当時）選出衆院議員で自民党幹事長川島正次郎に面会し、汚水垂れ流し問題解決への積極支援を要望した。

（川島正次郎は自民党衆議院議員で明治二三年七月一〇日生まれ。内務省、東京日日新聞記者、東京市長後藤新平秘書を経て、昭和三年の総選挙で政友会から初当選。以来千葉一区から連続一四期当選を果たした。戦時中は大日本政治会情報部長。昭和三〇年鳩山内閣の自治庁・行政管理庁長官、三六年北海道開発庁・行政管理庁長官、三七年池田内閣の東京オリンピック担当大臣を歴任した。この間三二年自民党幹事長に就任。川島派を率いて河野一郎、大野伴睦と共に党の指導者として君臨し、三九年から副総裁を務めた。池田内閣誕生、佐藤総裁四選工作の際の手腕は「政界の寝業師」と評された）。

一行は、続いて東京都庁に出向き、工場に垂れ流しを即刻停止させるよう申し入れた。

「一一日に東京都と水産庁の立会いで、協議してはどうか」

被害が深刻な状況であることを知った幹事長川島は同日夕方、砂防会館で本州製紙と漁民代表に対して提案した。会社側、漁民側ともにこれを了承し、一一日午前九時から両者の話し合いが持たれることになった。それでも漁民たちは抗議の意思を工場側に明確に表明したかった。工場側がその抗議を受けて汚水放流の即時全面停止を約束することを望んだ。

「これから工場に押しかけて汚水の垂れ流しを止めさせよう」

この提案に異論をさしはさむ者はいなかった。漁民たちは再び貸し切りバスやハイヤーなどを連ねて江戸川工場に向かった。午後六時過ぎ、工場西側の正門に到着した一行は、工場側の誠意ある態度を期待した。ところが工場側は鉄の扉を堅く閉ざし、抜き打ち的汚水の垂れ流しに詫《わ》びることもなかった。夕闇が迫っていた。

漁民たちの怒りは次第につのっていった。やがて若い漁民たちが気勢をあげながら、閉じられた正門の鉄の扉によじ登り、これを乗り越えて工場内になだれ込んだ。彼らは「汚水を流すな」などと口々に叫びながら工場の応接室や事務所など八棟に投石して窓ガラスを割り、さらに室内に入ってテーブルなどを壊した。

正門から約二〇〇メートル離れたところに、小松川警察署員、機動隊・六〇〇人が待機していた。午後九時五〇分、実力行使に移った。漁民を工場外に押し出そうとした。警察官二一人が頭や腰などにこぶし大の投石を受けて重傷を負った。

「警察は引っ込め」

# 漁民七百暴れ込む

## 汚水放流怒り、本州製紙江戸川工場へ

## 警官隊ともみ 負傷60余人出す

十日夕六時十分ごろ、江戸川への汚水放流に反対する千葉県浦安町の浦安漁業組合（宇田川鉄次組合長）の漁民代表約七百人は国会、都庁に陳情した帰り、バス十一台に分乗して問題の汚水を流している東京都江戸川区東篠崎町の本州製紙江戸川工場（青木良治工場長）に押しかけ、正面の鉄門を押しあけ構内になだれこんだ。漁民らは手に手に石を投げ、事務所、会議室、応接室など数カ所の窓ガラス千数百枚をメチャメチャにこわし、工場内に座り込んだ。工場からの要請で小松川署、第一、第二、第三機動隊などから約千人の警官隊が出動、午後九時五十分ごろから実力行使に入り、浦安町三三二内田守吉（三二）ら八人を暴力行為と不退去罪の疑いで逮捕、同十一時すぎ解散させた。このさわぎで警官側から第一機動隊佐藤巡査ら一人が重傷、三十四人が軽傷、本州製紙十数人が軽傷（以上警視庁調べ）、漁民側からは相沢三郎さんはじめ二十一人が負傷（浦安病院調べ）、また取材中の毎日新聞社写真部員三十歳ら一人も投石のため頭にケガをした。警視庁では警官二個小隊で徹夜で工場の警戒に当った。

こんどの騒動はさる四月上旬、同工場がいままで流していた汚水と違ったドス黒い汚水を流しはじめたことから起った。浦安町の魚貝類が死ぬのはこのためだと漁民たちは、先月二十四日東西両、浦安両漁業組合が中心となって工場へ抗議した。工場側は一時放流を止めその後話合いを行ったが決裂、工場側が再び汚水を流したため、漁民の怒りが爆発となった。これを見た都水産課と千葉県水産課がさる五日魚類の被害を調査、その結果、魚貝類の死滅に影響があるとみて都から一応放流を中止して、四者が交渉に入るよう口頭で勧告した。

ところが交渉がはかどらないうち、九日午後から夜にかけて、汚水の放流が再び始ったので、漁民の不満は爆発、十日正午すぎから町民大会を開きこの決議を持って工場に押しかけたもの。

漁民たちはネジリハチマキ、ホオカブリ姿でカン声をあげて正門になだれこみ、門を押しあけ守衛室のガラス戸をこわした。さらに漁民は口々に「汚水を止めろ」「工場をぶちこわせ」と叫びながら事務所、応接室、会議室など五、六むねの窓ガラスを石を投げてこわし、室内の事務机やテーブルを破壊した。この騒ぎで出動した小松川署などの警官隊が最初に漁民四人を逮捕するとますます怒り出し、工場内に座り込った。同夜九時五十分、警官隊が退去を要求して、実力行使に移ると双方乱闘となり、漁民側は石やヤリを投げて数回にわたり抵抗したが、同十一時ごろ、漁民たちは正門の外に追い出され、間もなくバスに乗って引揚げた。

### 検挙者氏名

▽浦安町猫実四一六五升内（二五）▽当代島三三二内田守吉（三二）▽同町猫実仲一三九八宇田川（三五）▽同一四一大市川（三〇）▽当代島根木七之助（二〇）▽臣司正一（三〇）▽ほか二人は未成年者。

### 工場が「作業中止」破る

大河原都建設局指導部長の話　漁民代表の陳情を受けたので十日夕、問題の江戸川工場に行った。本州製紙は、都が口頭で強く勧告して作業の一時中止を承知したにもかかわらず、一方的に約束を破るとは遺憾だ。もう信用できない。十一日にはさっそく工場公害防止条例により正式文書で同社に作業の一時中止命令を出す。今後は漁民が十分に納得できるような汚水の処理施設ができるまで、この作業中止命令を解除しない方針でのぞむ。

### 会社の不誠実が原因

船山浦安漁業組合理事の話　われわれ幹部は組合員の漁師たちを極力まで押えてきたが、ついに押えきれなかった。それはこの汚水放流が漁民の生活権にかかってるからだ。こういう事態になったことはすべて会社側の不誠実によるものだ。

### 話合いで円満解決を

青木工場長の話　われわれはあくまでも話合いによる円満解決を希望していた。それにもかかわらず、たびたび漁民側が暴力行為に出てきたが、これも円満解決のためと我慢してきた。これからもこの方針に従い、すみやかにもう一度話合い、問題を早急に解決したい。



流血事件を伝える記事（『朝日新聞』昭和33年6月11日の朝刊より）

漁民たちは叫びながら抵抗を続けた。小松川警察署員が投石をしていた漁民四人を暴力行為と不退去罪の現行犯で逮捕した。激高した漁民は警察隊と乱闘となり、投石などで数回にわたり逆襲したが、同一一時頃、全員が工場外に排除された。逮捕者は、さらに四人増えて計八人となった。この大流血事件で警官三六人、工場側三人、漁民側二〇数人をはじめ取材中の「毎日新聞」などの報道カメラマン二人が負傷した。

## 水質汚濁事件の歴史

日本の水質汚濁事件は、近代産業が興り始めた明治期から顕在化した。足尾銅山から流出する鉱毒による渡良瀬川環境破壊が「最悪例」のひとつであることは言うまでもない。足尾鉱毒事件は近代日本の「鉱毒事件第一号」であり、明治・大正期最大の社会・政治問題として知られ、戦後に至るまで被害を強要し続けた。大正六年頃には岐阜県の紡績、製紙、食品工場などの廃水が下流の農漁業に被害を与えた荒田川汚水事件、同九年には富山県・三井金属鉱業神岡鉱業所の鉱毒による農業被害、同一一年頃には後にイタイイタイ病と判明する公害病、一四年頃には日本窒素肥料（後に「チッソ」と改称）水俣工場の廃水による水俣湾漁業被害などが発生した。

戦後、政府による公害防止政策がほとんど示されないまま高度経済成長政策が推進された。これによって重化学工場が高度に発展するに比例して水質汚濁は戦前には比較にならないほど広がりを見せ深刻化した。大量に物を造る時代は、同時に大量に物を捨て自然を破壊する時代であった。

通産省（当時）の調査によると、昭和三一年度に「大量の廃液を流した」と漁民から抗議を受けた工場は全国で四七六カ所にも上った。このうち同省管轄のだけでも、漁業に与えた被害額は五億五〇〇〇万円（当時）、関係漁民は約七万人に達している。

農業も同じ状況である。有効な防止対策は何ひとつ講じられていなかった。水田に散布された農薬が川に流入、これがさらに海に流れ込んで漁業被害を引き起こすという事件が三一年度に一六八件（損害額五億七〇〇〇万円、当時）も報告されている。三一年五月には工場廃液中の水銀の汚染に起因する中毒、水俣病が公式に確認された。

水質汚濁問題が深刻化の一途をたどる中で、政府もようやく規制法制定へ向けて動き出した。三三年に入ると、経済企画庁と通産省が、それぞれ「水質汚濁の規制に関する法律案」と「工場汚水等の処理に関する法律案」の準備に入った。このような状況の中で発生したのが本州製紙江戸川工場漁民乱入事件である。

## 乱入流血事件の波紋

工場廃液による漁業被害への抗議が流血の惨事にまで発展した本州製紙江戸川工場の汚水垂れ流し事件は、新聞や放送などのメディアで大々的に報じられた。工場廃水や都市下水、農薬などの流入で川や海の水質が急激に悪化し、全国で裁判や暴力沙汰など様々な紛争が生じていた時代である。本州製紙事件は水質汚濁事件に対する世論を大きく喚起させた。政府に水質汚濁防止のための法律づくりを促進させた。（この頃、鉱毒根絶期成同盟会でも会長板橋を中心に同法案の早期成立を政府関係省庁に陳情し続けた）。

漁業側の陳情を受けた自民党幹事長川島正次郎は地元選挙区の事件だけに解決に向けて積極的に動き出した。四月一一日午前一〇時から国会内に本州製紙社長木下又三郎、専務太田、堀、監督官庁側から通産省紙業課長橋本徳男、東京都建設局指導部長大河原春男、同部設備課長太田の六人を招き、話し合わせた。席上、東京都側は「工場は漁民側と話し合いがつくまでは作業を一時中止するよう求めた都の勧告を何故《なぜ》無視したのか」と責任を追及した。だが会社側は率直に非を認める態度を示さなかった。

今後の対応についての協議に入ると、会社側は「沈澱池を設ければ排水中に含まれる材木のヤニが除去され、魚や貝への被害は生じなくなる」と沈澱池の設置を提案した。これに対して東京都当局は工場排水口近くに生簀《いけす》をつくり、廃水を使って魚への影響を調べた実験結果をもとに「沈澱池を新設するだけでは問題は解決しない。漁民も納得しないだろう」と反論した。この後、都側と会社側は汚水が有害か無害かをめぐって意見を戦わせた。が、これも会社側に歩み寄る姿勢がなく結論が得られなかった。

「会社は無用の刺激を起こさないように、沈澱池が出来るまで放流を中止して欲しい」

仲介役の川島は最後に命令口調で要求した。

都は法的措置に踏み切る方針を固めた。同日午後二時、都は知事安井誠一郎名で工場公害防止条例第一八条に基づき「操業一時停止命令」を通告した。社長木下又三郎と江戸川工場長青木貞治に対し、工場設備を改善して工場廃液の無害が証明されるまで作業中止を求めたのである。工場公害防止条例一八条は、工場設備が著しく公共の福祉を害する恐れがあるときは作業の中止を求めることが出来るとの規定である。

本州製紙の沈澱池の設置をめぐっては、三二年一〇月本州製紙が原木からパルプを製造する新しい機械設備導入の許可を東京都に申請した際、東京都と会社側との間で協議があった。認可申請を受けた都は現場を検査し「沈澱池を設けて廃水を直接放流しないように」と指導した。当時、この設備は新方式で、東京都内では使っている所はなかった。東京都が公害を心配して許可を出し渋っていると、会社側は他府県の工場にはこの機械設備を使っている所があるが、どこでも廃水による害は起こっていない、と説明し「迷惑をかけるようなことは絶対にいたしません」と強調した。東京都はこの口頭約束を信用して許可した。

三三年四月一日、新しい機械設備が稼働したが、工場公害防止条例で義務づけられている「完工届け」は廃水による被害が問題化した六月中旬でもまだ提出されていなかった。

## 法案成立

浦安漁協と葛西浦漁港は漁民大会や幹部会を開いて善後策を協議した。浦安漁協では、総代五〇人による会議で、①本州製紙のとった行為を「不法」と再確認し、今後の汚濁防止策を幹事長川島に改めて要望すること、②乱入の際負傷した漁民を見舞うこと、③乱入事件に至るまでの経緯を記した資料を参議院決算委員会に提出することを決めた。

漁民の一身を投げ出した工場乱入事件が新聞やテレビで大きく報道されると、国会、東京都、千葉県、水産関係団体などが、海や川の水質汚濁問題への対策に本格的に取り組み始めた。六月三〇日、全国の漁協が連携して東京・日比谷公園で「水質汚濁防止対策全国漁民大会」を開き、終了後国会に陳情した。この日、開かれた参議院決算委員会では、本州製紙江戸川工場の汚水排出問題が取り上げられ、漁業被害の早急な補償を求める意見や水質汚濁防止法を緊急に制定して全国各地で見られる類似の汚水問題の発生を防ぐべきだとする発言が相次いだ。これを踏まえて、水質汚濁防止法案を緊急に国会に提出するように政府に要望した。

要望書に基づき法案作成が進められ、同年一二月一六日、衆議院商工委員会が「公共用水域の水質の保全に関する法律」（略称、水質保全法）と「工場排水等規制に関する法律」（工場排水規制法）を修正可決し、公布された。（翌三四年四月一日から施行された。）。修正可決の際、同委員会は次のような付帯決議を行った。

①経済企画庁に水質保全に関する機構を設け、水質基準を作成するための科学的資料をなるべく速やかに整備すること。

②下水道の整備を強力に推進するとともに、し尿、じんあい等の処理の適切化を期すること。

この結果、経企庁に水質保全行政を専門に扱う課が新設され、水質基準作成のための資料集めが行われた。資料が収集されると水質基準を設定し工場廃水の規制を実施した。しかし、この排水規制の方式は当時の急速な水質汚濁の進行に十分対応できなかった。公害被害者に朗報と受け止められた水質二法は、実質的な規制の効力をもたない「ザル法」でしかなかった。

流血の大惨事を引き起こす原因をつくった本州製紙江戸川工場の汚水対策は、同工場が一億五〇〇〇万円で防除装置を完成させ、東京都がパルプ日産三五トン（全操業七〇トン）の半操業状態で廃水を江戸川に流させて水質を検査した。その後、翌三四年三月二五日「魚介類に影響なし」と結論し操業を許可した。同工場は都の操業一時停止命令から九カ月ぶりで操業を再開した。工場内乱入事件を追及していた東京地検はこの事件が漁民の生活問題に起因する偶発的な行為であることなどから、暴力行為などで調べていた漁民三〇人を全員不起訴処分とした。

被害漁民の体を張った企業との対決が、遅れていた日本の水質保全・規制のための立法を促し、公害防止関係法整備の端緒となった。被害住民が世論を背景に立法府や行政を突き動かし、法制度や施策を整備・改善させるという公害問題の典型的なパターンが早くもここに現れている。この意味で、本州製紙江戸川工場の廃水放流問題は、日本の公害問題の歴史の中で重要な位置を占めている。多数の死者、健康障害者を生じながら、長年抜本策がとられなかった公害問題が多い中で、本州製紙の江戸川水質汚濁事件は国会や中央省庁を動かすことが出来た。（『本州製紙社史』は記す。「当社にはきわめて残念な事件であったが、環境問題について貴重な教訓を得た出来事であった」）。

事件は各地で頻発《ひんぱつ》している工場廃水公害の典型的事件だったといえ、政府や地方自治体は惨事を招いた事件を機に水質汚濁発生を防止する抜本策の必要性に気付いたのである。

# 第三章　足尾鉱毒事件の百年

「足尾の人たちは上流のきれいな水を飲み、毛里田の私たちは足尾で汚した水を飲まされている。ここに大変な問題がある」

（会長板橋明治、「講演」より）

巡りゆく田の辺水辺にぬきいでて　鉱毒症の白き草生う

（中島文四郎『鉱毒の草』より）

「怨念惜恨と言うべし」

（公害防除特別土地改良事業竣工記念碑）

## 百年鉱害・足尾鉱毒事件の初期

足尾銅山は、明治維新以降、借区あるいは払い下げの形で民営へ移管された。御用商人古河市兵衛は、明治八年（一八七五）、新潟県の草倉《くさぐら》銅山を大蔵省から払い下げを受け、同九年には山形県の幸生《さちう》銅山へ経営参加するなどの経験を基《もと》に、明治一〇年足尾銅山経営に意欲を見せた。それまで副田欣一（佐賀県士族）の借区に維新後譲渡されていた足尾銅山を、相馬家の家令志賀直道名義（実際は古河と共同稼業）で、明治一〇年二月一八日副田から譲り受け、ここに古河市兵衛の足尾銅山経営が出発した。

明治以降の足尾銅山の産銅量の変化を見てみる。産銅量は、明治一四年（一八八一）から年ごとに増加し、二〇年には四四〇〇トンで二九年には七七〇〇トンに達した。その後明治三〇年（一八九七）は七九〇〇トンで三九年九五〇〇トンとなった。明治四〇年（一九〇七）代以降また増大に転じ、大正六年（一九一七）に一万五七三五トンのピークに達し、大正一〇年以降、産銅量は急速に減少に転じる。特に、鉱害予防措置が不備な初期、明治一〇年以降の産銅量の増大が、一大鉱害を顕在化させることになる。初期の産銅量の急速な増大は、燃料として山林の伐採、煙害による禿山《はげやま》の拡大、大雨による水害の発生、残鉱の増大、渡良瀬川への鉱毒の大量流出というように、これらが相乗的にマイナスに機能する形で、渡良瀬川流域の被害を拡大させる結果となった。銅山の生産額より大きな人災を「負の遺産」として残すことになる。

足尾銅山の鉱毒と煙害によって、明治期に二つの村落が廃村に追い込まれた。ひとつは渡良瀬川下流にあった栃木県旧谷中村（現藤岡町、渡良瀬遊水地）である。鉱毒を含む川水の貯水池とすることを狙《ねら》った政府と栃木県の方針のもとで、村民の激しい抗議も聞き入れられず谷中村は強制的に撤収され廃村となった。

この間、栃木県選出国会議員田中正造が、足尾銅山の操業停止を求める質問を国会において繰り返したが、政府は足尾鉱毒事件解決への具体策を何ら示さなかった。正造は国会議会に見切りをつけ衆議院議員を辞職し、天皇への直訴を試みた。これも警官に阻止されて果たせず、貯水池用地として水底に沈めら

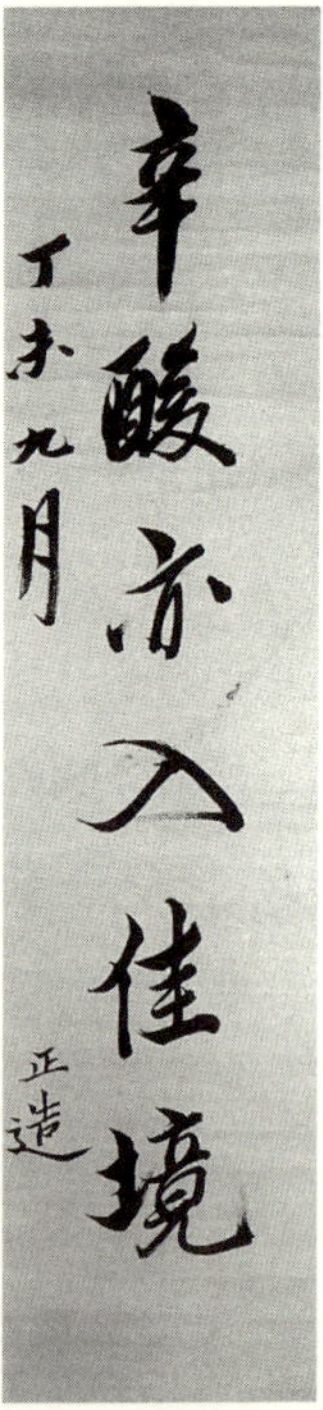

**正造直筆**（栃木県立博物館、佐野市郷土博物館『田中正造とその時代』より）

れる廃村寸前の谷中村に単身で入居した。「辛酸マタ佳境ニ入ル」（「辛酸亦入佳境」）。正造は心境をこう表現した。正造の身命を賭《と》した一連の行動は、自由民権家としての彼を支持してきた都市部の知識階層や宗教家を動かし、現地訪問や集会がひんぱんに行われた。また新聞や雑誌が大きく報道するなど、活発な救済への動きが帝都東京を中心に行われた。それも正造の病没をもって終焉《しゅうえん》し、谷中村の廃村に抗議する村人たちは、限られた支援者とともに村の強制撤収後も抵抗運動を細々と続けていくしかなかった。

　廃村に追い込まれたもうひとつの村は、渡良瀬川最上流にある栃木県旧松木村（現足尾町）である。養蚕による現金収入があり、経

**正造の葬儀**
（当時佐野町、川名英之『ドキュメント、日本の公害』、緑風出版より）

済的に豊かで、六〇〇年もの歴史を持つ山ふところに抱かれた村落であった。この村は足尾銅山製錬所からの亜硫酸ガスをまともにかぶる位置にあった。このため、まず蚕が全滅し、やがて農作物の収穫が激減し、村民にも喘息《ぜんそく》が広がった。ついには村を上げて移住するところまで追い詰められた。足尾銅山の精錬が始まってからわずかに二〇年後の村の消滅であった。

## 鉱毒被害の顕在化

鉱毒被害が一気に顕在化したのは、明治二三年（一八九〇）八月二一日から降り出した豪雨によってもたらされた大水害であった。古在由直《こざいよしなお》（農芸化学者、後に東京帝大総長）ら学者・研究者による渡良瀬川流域の鉱毒調査が、明治二四年以降数次にわたって実施された。明治二四年の「古在・長岡調査」では、被害農地総面積の一六五五町歩（一町歩は約一〇〇アール）のうち群馬県がその六四・二パーセントを占めた。群馬県の中では邑楽《おうら》郡が全体の八四パーセントを占め、山田郡が一〇パーセントで、新田郡の被害はごく少なくなっている。

田中正造が「足尾鉱毒の儀につき質問」を初めて敢行したのも、同二四年一二月一八日の第二回帝国議会である。正造は訴えている。

「私が操業停止を叫ぶ所以《ゆえん》は、鉱業という一時的な仕事で、永久的農業を滅ぼすことは不当であるばかりか、山河を荒らして日本の経済を破壊するためだ」(『田中正造全集』の「月報」)。

正造や農民たちの必死の訴えを政府は一切無視した。最高責任者・農商務省大臣は古河家と姻戚の陸奥宗光だった。明治三四年に正造が衆議院議員を辞職するまでの一一年間、議会における質問書・演説その他三二〇件の内、鉱毒問題関係が半数を超えている。驚くべき数字である。

## 示談でかわされ続けた被害者

明治二九年(一八九六)以前は、足尾銅山主・古河市兵衛と被害農民との示談契約折衝が行われ、栃木・群馬両県の鉱毒被害者関係四三の町村が示談契約を結んだ。しかし、明治二九年七月と九月、中でも九月八日の豪雨・大洪水は古今未曾有《みぞう》とされ、局面は激変する。鉱毒事件の解決を示談という当座の方法ではなく、銅生産を停止させる「足尾銅山操業停止」を目標に掲げて、沿岸住民運動が大同団結した。二九年一〇月五日、同志たちは渡良瀬村下早川田《しもさがわだ》(現館林市)の曹洞宗・雲龍寺《うんりゅう》に「群馬・栃木両県鉱毒事務所」を設立し、「精神的契約」(鉱業停止請願一致の運動をすることを誓ったもの)を結んだ。(渡良瀬川べりに立つ雲龍寺は中世の下野《しもつけ》の武将佐野氏の家臣早河田氏の居館跡とされる)。

一方、足尾銅山では製錬所の鉱煙と亜硫酸ガスによって四方の山は裸同然となった。今日見る荒涼とした骨ばかりのような無惨な山肌である。

世論は、明治三〇年（一八九七）三月の「東京押し出し」に始まる鉱毒反対運動として急速に盛り上がる。大洪水・鉱害反対運動と結びついて、政府による第一次鉱毒調査委員会設置（同年三月）、第二次委員会設置（明治三五年三月）などの対応が続いた。政府自体も足尾銅山に対して、明治二九年から三六年へかけて五回の「予防工事命令」を発した。しかし鉱毒事件は三七年末栃木県議会の谷中村買収可決によって、反対運動自体も含め活動が大きく後退を強いられることになる。

この間、被害農民の一大請願陳情運動へと高まり、その請願陳情の運動も一次、二次、三次と次第に深刻化し、明治三三年（一九〇〇）二月一三日の四次請願運動において「川俣事件」という一大流血事件が発生した。

## 大正期の足尾銅山調査

大正期に入ると古河鉱業の産銅量は二〇パーセント増の一万トン台になり、鉱毒が激化して水利組合の反対運動は活発化した。

渡良瀬川から用水を引き入れている右岸（群馬県側）待矢場《まちやば》両堰普通水利組合の大正期の鉱毒

対策を見てみる。（『待矢場両堰土地改良区史』を参考にし、一部引用する）。鉱毒水に苦しむ水利組合は足尾銅山側の鉱毒対策について監視を続けた。大正二年（一九一三）には五月と一〇月の二回足尾まで足を運んでいる。銅山の沈澱地・濾過地については、雨水氾濫の時には多少でも泥渣《でいさ》（鉱毒を含んだ汚泥）が流出する懸念があること、堆積場についても、洪水の時は川中に流入すると考えられること、脱硫塔についても煙害は多少はよくなっているがまだまだ硫気が鼻をつく状態であり、砂防工事も見るべき事業がないと報告している。一〇月の段階では、脱硫塔について、古河が外国に技術者を派遣し、六〇余万円の工費で来年（大正三年）改築を考えていると報告している。

足尾銅山は工法を浮遊選鉱法に変え、そのために右岸の毛里田村へ被害が集中する。

大正四年（一九一五）八月四日は豪雨となり、五日午前一〇時頃から「濃灰色の濁水」が上流から流入してきた。水利組合では臨時委員会を開き、八月一三日から一四日急遽《きゅうきょ》足尾銅山へ原因調査を依頼した。

調査に先立ち、八月九日付けで管理者の新田郡長天笠久真三《あまがさくまぞう》から、群馬県知事三宅源之助宛に八月五日の濁水について「上申書」が提出された。

「本年は、一〇数日間の旱魃《かんばつ》に際し水源甚だしく枯渇し、稲作の灌漑《かんがい》に窮しおり候ところ、本月二日より豪雨ありしを以て、農民等は競って灌漑せんとせしに、同五日午後一〇時頃より、渡良瀬川は増水と同時に、先年足尾銅山製錬所より流下したる鉱毒水と恰《あたか》も同様の変色せる濁水なるを以て、用水を渇望しつつありし農民も、数年前の鉱毒を想起し、灌漑を差控《さしひか》ふるがごとき状態にこれあり候、足尾銅山鉱業主は、官庁の命令により相当の施設をなし、鉱毒を流出せしめざるは勿論、苟《いやしく》も大雨増水等を奇貨《きか》とし、毒分含有の廃物等を放流する等のことは、満々これなき儀にはこれあるべく候えども、事実前陳の状況につき、相当御調査のうえ、応分の御処置相おうせたくこの段申し上げ候なり」（原文のママ）

上申書とともに待堰取入れ口付近で採取した毒水をサンプルとして提出した。この毒水は群馬県立農事試験場で鑑定され、八月一三日付けの回答があった。また土砂（「沈澱泥砂」と「灌漑水路銅澱砂」）の鑑定も依頼し、九月一三日付けで鑑定結果が報告されている。

「濁水」については、「作物に有害作用を呈すべき銅塩類、鉛塩類及び亜鉛塩類の存徴なきを以て、鉱毒のおそれなきものと認め得」とするとともに、硫酸及びアンモニアについて多少反応はあるが、「中性塩類となりて存するものにあらざるか、したがって作物に有害作用を呈することなかるべしと思考す」としている。

「沈澱泥砂」については、「水に不溶性なる銅及び鉛を微量に含有す」るが作物には有害作用はないとする。「灌漑水路銅澱砂」についても、「水に不溶性銅塩微量に存すれども植物の生育に障害を及ぼす程度以下なり」と、いずれも作物には影響がないと鑑定している。

待矢場両堰視察委員三人による大正四年八月一三日現地調査の報告は同月一五日に提出されている。通常の報告よりも詳細であるが、結論は「以上の状況にして、水源を不良ならしめたりと認めたる事実は発見致さず候条、この段復命に及び候なり」としており、さらに九月一二日から一三日にも調査を行い、同一四日に報告されている。これも「以上の状況にして開放又は故意《こい》に放流せしめたる事実これなく候」としている。すべて古河鉱業の意向に添った結論である。

## さらに続く足尾調査——悲境に沈論——

待矢場両堰普通水利組合の足尾視察調査は、大正五年（一九一六）一一月、同六年一一月、同八年七月、同九年四月と、ほとんど毎年続く。被害激甚地毛里田村をはじめとする代表者たちは、鉱毒被害に強い不安を感じ始めた。特に、大正五年一一月の視察調査（二六日から二九日、大《おお》間々《まま》新水路調査を含めて実施、参加者一一人）では、「以上の状況なるを以て、適切なる救済方法を講ぜざれば、いかなる悲境に沈淪《ちんりん》するやも計られざるにより、陳情若しくは上申等、適当なる措置を必要と認め、ここに意見を添申す」というように厳しいもので「意見書」（原案）が添付された。

大正六年二月一〇日には、待矢場両堰普通水利組合議長上原栄三郎は、群馬県知事三宅源之助宛に「意見書」を提出した。実際に知事に提出した意見書は、大きく簡略化されたものとなった。

(原文カタカナ)。

「意見書（原案）

当待矢場両堰普通水利組合の水源渡良瀬川の発源地なる足尾銅山古河鉱業所に対し、鉱害予防に関し明治三〇年政府命令により鉱業主は夫々《それぞれ》相当の施設をなし、下流人民の危害を防除したる筈《はず》に候処、未だ洪水と共に土砂の浸入少なからざるのみならず、用水期節に於て此年渇水を告ぐるにより其の状況視察候処、鉱害予防工事中不備と思料するもの左の実況に有之候のとす。

一、坑水並選鉱用廃水は、沈澱地・濾過地を増設したるにより当時は毒分の減少せしも一朝豪雨の際は雨覆等の設備なき為め、若干の泥渣粉鉱は雨水と共に溢出《いっしゅつ》するを防止し得ざるも

一、砂防工事中網状工事は豪雨に際し山岳崩落の砂礫《されき》と共に流出して山骨を露わし其の効果なきものの如し。

一、亜硫酸瓦斯《ガス》は脱硫塔を一カ所に蒐集《しゅうしゅう》するを以て、一見有効なるが如きも亜硫酸瓦斯は

未だ脱却し尽くさざるが故に煙突より吐出せる煙毒により足尾銅山練旦《れんたん》の（注＝接している）山脈には青色を帯へるものなく尚《なお》猛煙は日光山中を惨害しつつありて数年の後は足尾銅山は勿論《もちろん》日光山に練旦せる山脈は必ず禿山と化して我が水源は一層枯渇すべき状態なりとす。以上の状況なるを以て、適応の御措置相成候御賢慮相仰度《あおぎたく》本会の決議を以て謹んで意見及上申候也。（以下略）」

## 伏して願い奉《たてまつ》る

大正一五年の「陳情書」は深刻な窮状を訴えている。

「足尾銅山煙害除害水源涵養請願書」（原文カタカナ）

「群馬県下新田・山田・邑楽三郡農民を代表し謹て奉請願候

足尾銅山製錬工場より噴出する煙害の惨禍は渡良瀬川水源地二万七〇〇〇町歩の山林を枯死荒廃せしめ山林特有の雨水貯蔵の能力を失ひ大雨には忽《たちま》ち河川に押流し干天には一水も渓谷に流れず、之《これ》が影響は直ちに下流流域の田園に及ぼし大洪水を来し或は渇水となり洪水の際は鉱毒を流下して沃土《よくど》を変悪し渇水は稲作を枯損して減滅せしめ、米作を主業とする三郡農民の生活を奪はんとする実情に御座候

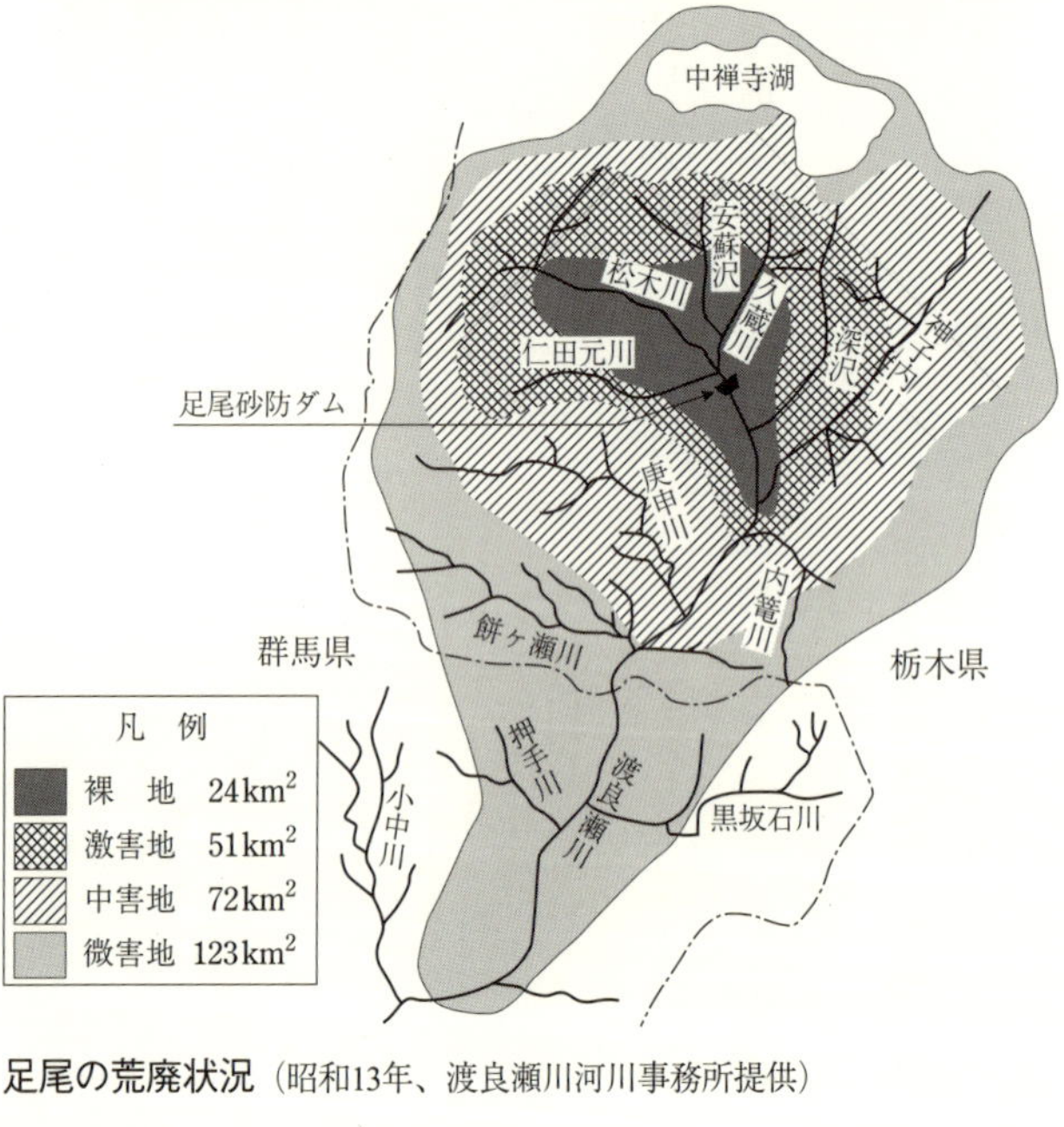


**足尾の荒廃状況**（昭和13年、渡良瀬川河川事務所提供）

此故《このゆえ》に昨年第五〇議会に請願書を提出し、貴衆両院（注＝貴族院と衆議院）は建議案として付議せられ速に御採択に相成《あいなり》、政府は鉱業主に対して厳重なる監督せらるることと推測する所なり、乍併《しかしながら》足尾銅山の煙害防止設備は『コットレール』式を採用し最も進歩せる方法なりと雖《いえど》も、之《これ》を以て絶対に煙害防止すること能《あた》はざることは請願委員会に於ける政府委員の応答に徴するも将《まさに》又銅山当事者の言明によるも明瞭なり、況《いわん》や経費節減の為め故意に之が諸機関の充分活用せざるに於ては最新式の施設も只一片の申訳に過ぎず、煙害は益々拡大波及するのみに御座候、之《これ》を他の銅山に比較するに別子《べっし》銅山巨費を投じて製錬場を瀬戸内海の一孤島に移し、日立銅山は山上五〇〇尺の煙突を樹《た》て以て

煙害の足尾銅山（林えいだい氏撮影）

煙害を免かるるを得たり、日立銅山当事者が多年の研究する所によれは、煙害は空中広く散布して植物に被害なき程度に希薄ならしむるの外、良策なしと仮りに此の説最も有効なりとするも日立と足尾とは地勢大に異り、足尾の地は山岳重畳《ちょうじょう》煙突高ければそれ丈《だけ》被害に多からしむ、故に足尾銅山の精錬工場は別子の如く之を無害の地に移転せしむるを最上の策と愚考致候、

夫如此《それかくのごとき》精錬工場を他に移転し以て煙害の根本を絶ち、然《しか》る後山林復旧を計るにあらざれば政府若《も》しくは鉱業主が如何《いか》に経費を投ずるも徒労に終わらんのみ、上述の如く仮りに精錬工場を他に移転するも五〇〇〇町歩の劇害地は直に植樹繁茂の望みなし、他に適当なる地を相《そう》して植樹補給の道を講じ或は貯水池を設け応急手当により渡良瀬川水源涵養の処置を採り被害農民をして安堵《あんど》せしむる様御配慮相仰度伏して奉請願候

恐惶謹言《きょうこうきんげん》

大正一五年二月」

東毛地区三郡農民三五六人の請願である。精錬工場を他所に移して欲しいとの嘆願である。昭和・平成期に鉱毒根絶の運動の主体となる板橋らの祖父の名が署名されている。「被害農民をして安堵せしむる様、御配慮あい仰ぎたく、伏して請願奉り候」。何と悲痛な嘆願であろう。しかし政府・企業とも抜本解決に乗り出さなかった。農民の怨念はつのった。

## 昭和二八年一二月の契約

ここに「八〇〇万円授受問題」が登場する。昭和二七年（一九五二）九月一六日、待矢場両堰土地改良区と渡良瀬川沿岸鉱毒対策委員会は、古河鉱業株式会社足尾鉱業所岩村清宛てに鉱毒防除について要望書を提出した。両者の話し合いの結果、昭和二八年一二月二四日、両当事者（待矢場両堰土地改良区理事長蓮沼貞一、古河鉱業株式会社取締役社長新海英一）間で次のことを履《り》行《こう》するための契約書を取り交わした。

「待矢場両堰土地改良区は、関係地域の恒久的伏流水工事施工の目的をもって、古河鉱業株式会社から金八〇〇万円の寄付を受ける。

この契約締結後は、待矢場両堰土地改良区は、古河鉱業株式会社に対し鉱毒又は農業利水に関する補償要求又はこれに類する一切の要償行為を絶対に行わない。

①古河鉱業株式会社は前記寄付金額次の通り分割して支払う。

昭和二九年一月二五日　金三〇〇万円也

昭和二九年六月二五日　金二五〇万円也

昭和二九年一二月二五日　金二五〇万円也

②この契約締結に際しての立会人を次の通りとする。
群馬県知事　北野重雄、衆議院議員　松井豊吉、衆議院議員　笹本一雄、衆議院議員　長谷川四郎」

# 第四章　水質審議会とカドミウム米

「鉱毒地の稲は葉がボツボツの斑点《はんてん》になってしまう。これを『ゴマハガレ』（ゴマ葉枯病）と農民は言う。この『ゴマハガレ』がひどくなると稲は枯れてしまう。たとえ穂は出ても小さく、米粒も小さい」

（会長板橋明治、「講演」より）

「東京の各政党本部に陳情に出かけたところ、各党の国会議員らは『足尾鉱毒事件はまだあるのですか』と驚いた表情で言うのです。この時ほど失望と怒りで全身を打ちのめされたことはありません」

（同氏、インタビューに答えて）

## 水質保全へ向けて──新たな「押し出し」──

昭和三三年一二月、渡良瀬川と江戸川一大の水質汚濁事件が発生したその年、「公共用水域の水質の保全に関する法律」（水質保全法）が成立し、同時に工場廃水規正法も生まれた。水質保全法によって決められた水質審議会の委員に、古河鉱業社長新海英一ら企業代表三人が任命された。だが、渡良瀬川の被害農民代表の名前はなく、農民の期待は完全に裏切られた。また審議会は汚濁対策を検討する指定河川六カ所から渡良瀬川を除外した。これは政府や古河鉱業の思惑の通りであった。一連の決定は根絶期成同盟会の感情を逆なでするものであり、同盟会に断固とした決断を促した。同盟会は、指導者板橋の説得もあって足尾銅山に対しては損害の補償と鉱毒の根絶を、政府に対しては水質審議会へ農民代表を加える要求でまとまっていった。

明治期の鉱毒農民の主な反対運動は、東京（政府）へ請願するために徒歩で集団的に押しかける「押し出し」であった。戦後の根絶同盟会の鉱毒農民もまた、この方法を受け継いだ。徒歩が貸し切りバスに変わったのである。

「押し出し」の第一目標は、足尾銅山そのものだった。三三年六月一一日、第一回目として電車と貸し切りバスで東毛地区三市三郡の市町村長・議長ら一五〇人が現地に向かったが、「責任はない」の逃げの一手だった。農民たちは、足尾銅山が国鉄には一七五万円を補償していたことを知って追求した。その後、鉱山側から一五〇万円の「見舞金」が提示されたが、彼らはこの受け取りを拒んだ。

政府へは、昭和三四年六月一二日、貸し切りバス一二台に分乗して八〇〇人が東京へ押しかけた。貸し切りバスには「足尾鉱山鉱毒絶滅」の横断幕が掲げられていた。(一二台のバスのうち一一台が毛里田の農民だった)。明治期のような行く手を阻む警察隊の姿はないが、農作業の貴重な時間をつぶし多額の経費を必要とするという大きな損失を伴うことには変わりはない。

「押し出し」でのバス中の農民たち
(林えいだい氏撮影)

経済企画庁、農林省、通産省、国会、自民党本部へ請願した内容は、①渡良瀬川を水質保全法による指定水域に指定すること、②このため直ちに調査を実施すること、の二点であった。この時期が「押し出し」に選ばれたのは、前年末に成立した水質保全法が四月一日から施行され、政府の水質審議会が開かれるためである。

農民の非難の矢面に立たされたのは、自民党代議士長谷川四郎だった。彼は根絶同盟会のある東毛《とうもう》地方（旧群馬二区）を選挙区にしており、衆議院通産委員会委員長であった。「一体、長谷川代議士は、東毛一〇万人農民の味方か、あるいは古河鉱業の走狗《そうく》か」農民たちは色をなして詰め寄った。それは八〇〇万円授受の立会人に成ったことに加え、古河鉱業への農民の損害の一部への補償要求二四八万円を一五〇万円に値切る仲介をし、通産省の方針の裏に通産委員長長谷川がいると考えたからであった。「押し出し」の成果は、渡良瀬川を指定河川に加えることに成功したことだった。指定河川にした後には、水質審議会に農民代表を加えること、さらには水質基準そのものに農民側が求める数字を盛り込ませるということが待っていた。

## 水質審議会へ代表派遣

昭和三五年（一九六〇）二月、毛里田村村長鈴木保雄（合併前最後の村長）、同村会議長板橋明治、農協長恩田正一は「水質審議委員中に古河鉱業社長新海英一が在席することは納得できない。農民代表の代表こそを加えるべきである」との「陳情書」を政府や群馬県に提出した。恩田は批判した。

「加害者を委員にしているのは泥棒を審判官にするようなものではないか」

これに対し、任命権者の経企庁は、「任期が二年だからその時に考えたい」との消極姿勢に終始した。ところが、二年後に同一の委員が任命され、その代わり水質審議会の中に第六特別部会と渡良瀬川専門部会を設け、それに農民代表を加えるという対案が示された。

これを提示させるまでの二年間、根絶期成同盟会は貸し切りバスや電車（東武線）を使って東京に向かい、経企庁など政府機関や国会へ繰り返し要請行動を行った。その必要経費は農民の暮らしに重くのしかかった。専門部会は、審議会とは別に三〇人以内で設けることが「法第一七条」に決められていたが、農民代表をこれに加えよということだった。農民側が代表として加えよと求めていた会長恩田正一が「入ると結論が出せないから」と、「根絶期成同盟会会長」という肩書きでは「第三者ではない」、というのが政府側の言い分だった。根絶同盟会の「会長」辞任と引き換えに、被害農民代表恩田正一を専門委員に任命するとの卑劣な対案だった。この骨抜き案は大問題を引き起こすことになった。

まず会長恩田を東毛根絶同盟会から切り離すことにあった。「村長、議長、三市三郡の関係者を群馬県に呼んでは、恩田正一が三市三郡と毛里田の根絶期成同盟会長を辞任しなければ、群馬県としては専門委員に推薦できない」との切り崩しで、ついに恩田は辞任せざるをえなくなった。

せっかくの専門委員に就任したものの、組織（同盟会）からは完全に切り離されてしまった。恩田は組織から浮いた形になった。後任の同盟会長は太田市農業委員長戸塚忠雄が任命され、毛里田地区については板橋明治が会長に就いた。昭和三七年のことで、板橋は四一歳だった。

昭和三九年三月一日、毛里田地区の根絶期成同盟会の農民は政府への「押し出し」で、①住民の健康対策、②汚染米の交換、③土壌の改良、④企業責任など一〇項目にわたる要求を提出した。企業責任を直接追求したことは、その後の損害賠償請求運動への大きな足がかりとなった。

（被害農民が明治二三年一二月の吾妻村（現栃木県佐野市）の村会議の決議以降一世紀近くもの間要求し続けているのは足尾

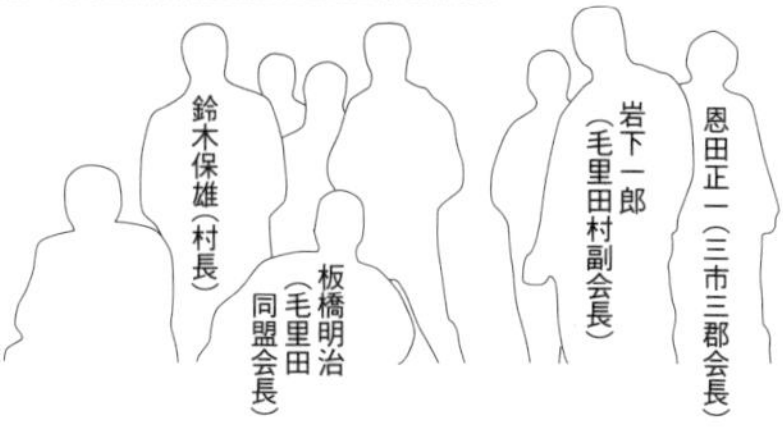


足尾天狗沢の堆積場視察
（昭和38年3月13日）

銅山の採鉱中止ではなく、「鉱業停止」なのである。いくら採鉱が中止されても、鉱滓を捨て鉱毒を流す鉱滓の山を除去しなければ農民の苦しみは軽減しないのである)。昭和三八年一二月毛里田村は太田市と合併した。渡良瀬川沿いの桐生市、足利市の方が近距離にあり、最も遠方の金山の南の太田市と合併した。難産の末の誕生だった。最後の村長は鈴木保雄だった。

## 水質基準をめぐる対立

恩田は専門委員に任命されたが、第六部会（渡良瀬川）の会合はいつになっても開かれなかった。任命されてから半年以上たった昭和三八年（一九六三）六月、会長板橋ら農民側の要求でようやく現地で開かれた。政府関係部会に直接参加しようとすれば、運動の「秩序化」を恩田のように強要された。第六部会が開かれると、今度は渡良瀬川の水質基準の設定という記録や数字をめぐる論争が待ち構えていた。水質基準の測定方法とその基準値をめぐる対立である。

測定方法では、経企庁が第六部会に提出した資料によると、渡良瀬川の水質検査はすべて本流だけで、被害が急増する降雨時や増水時が除かれていた。サンプルの採り方も相当に恣意《しい》的だった。被害農民によると、サンプルは澄んだ時だけか、また濾過《ろか》紙で濾《こ》して採取していた。そこで彼らは「水田に用水をかけるのに、濾過してかけるわけにはいかん」と抗議した。細かい技術的な問題点まで、ひとつひとつ対立があった。

「朝日新聞」の昭和三八年六月一〇日付け記事は報じている。(原文ママ、一部訂正)。

「経済企画庁水質審議会第六部会の半谷都立大医学部教授、竹内建設省河川部長、斉上日本鉱業協会廃水・廃煙委員長、恩田同審議会委員ら一行は六月九日、渡良瀬川水域の鉱毒被害農地と用水取入れ状況を現地視察した」。

「一行は桐生—山田郡大間々—同郡毛里田村—栃木県足利—群馬県太田—邑楽郡の順に調査して回ったが、行く先々で〝足尾鉱毒根絶〟と書いたハチ巻きをしめ、のぼりなどを押し立てた農民が待ちうけ、つぎつぎと早期対策を陳情した。一行は一〇日群馬県庁で関係者から参考意見を聞くことになっている。」

同日の記事で、足尾鉱毒事件関連の書簡が見つかったことも報じている。

「萩原進県議会図書室長は、このほど沼田市奈良町石田侃《ただし》さん方で、侃さんの父親直次郎氏に当てた左部《さとり》彦次郎の手紙二四通を見つけた。左部氏は足尾鉱毒事件のキッカケとなる調査をして田中正造代議士を助け運動をした人(注＝最終的には離反)。手紙には一般的に事件が〝解決した〟とされている明治三五年以後の動きが記されている。七日から経企庁の同川水質調査が始まり、最終的な政府の解決策が講じられようとしている時だけにこの発見は関係者を喜ばせている。二四通のうち、特に貴重なのは明治三六年一月一四日付けのもの。内容は『国会の決定で今月中には鉱毒除毒命令が出されるだろうが、とうていわれわれの満足できないものだ。あわれなるは被害民、とくに本年のごときは別段の苦痛で――（以下略）』となっている。鉱毒事件は栃木県足尾町の銅山から流れる鉱毒で、明治二三年以後渡良瀬川を中心に見舞った数回の大水害で沿岸一帯に被害が出たため、田中代議士が国会で問題とし、農民も上京・陳情を繰り返し、当時大きな騒ぎとなって、明治三〇年国会が鉱毒予防工事命令を出した」

経企庁が「ニゴリ」（鉱毒水）をサンプルから除外しようとしているとの情報が毛里田鉱毒根絶期成同盟会にもたらされた。同盟会では、「世紀の祭典」東京オリンピック直前の昭和三九年（一九六四）一〇月五日再び貸し切りバス一〇台、六〇〇人による「上京請願」を決行し、「ニゴリ」を調査対象とすることを水質審議会で認めさせることが出来た。サンプル採水地点三〇カ所も農民の要求通りに実現した。

一〇月五日の「上京請願」を要請する根絶期成同盟会会長板橋明治が各区正副区長らに宛てた要請文は「注意事項」として次の記述が見える。

「オリンピックを五日後にひかえて特に東京は清潔と美しい街作りで徹底していますから、タバコの吸殻、紙くず等は車外に絶対に捨てない事。ハチ巻・車の腰巻き等の脱着は確実に指示通りとする。アルコール類は陳情が終了する迄《まで》厳禁とする」。

## 日本公害列島

昭和三五年から四五年にかけての高度経済成長により、日本経済は重化学工業主導型に再編されていった。大型設備を導入した企業は、借入金や固定投資に見合う生産活動から汚染物質を垂れ流し、煤煙や騒音をまき散らした。日本列島は健康を蝕《むしば》む公害が噴出し「公害列島」に転落した。「経済大国」の道をひた走る日本は「公害大国」に転落したのである。四二年に成立した公害対策基本法は、国が積極的に対策を講ずべき公害として、大気汚染、土壌汚染、騒音、振動、地盤沈下及び悪臭の典型的な公害を掲げ、政府、地方自治体、事業者、国民の責務を明らかにした。

一方、四つの代表的公害が法廷の場に持ち込まれ「四大公害裁判」と呼ばれた。

①新潟県阿賀野川流域の新潟水俣病

②三重県四日市ぜんそく

③富山県神通川流域のイタイイタイ病
④熊本県水俣病

国会は四五年一二月、公害関連一四法案をすべて成立させた。「公害国会」と呼ばれた。環境アセスメント法案の成立が待たれた。四六年七月環境庁が発足した。初代長官は山中貞則であった。

この頃になると足尾鉱毒事件は、ジャーナリズムなどで日本の「公害の原点」と呼ばれ、近代・現代日本の公害の原型と位置付けられた。

## 公表されない堆積場決壊

足尾銅山の堆積場がまたまた決壊した。だが行政当局はこの事実を公表しなかった。昭和四一年（一九六六）九月初旬、足尾銅山の天狗沢が決壊し、銅の鉱滓《こうさい》が大量に渡良瀬川に流れ込んだ。堆積場の決壊は現地視察した経済企画庁水質保全課長出井らと随行した群馬県企画部の一行が確認した。群馬県は渡良瀬川の水質基準設定が大詰めに来ている時であり、足尾銅山側を刺激することを恐れて公表を控えた。だが、台風襲来の時期を迎え、被害農民に事態を伏せておくのは行政のとるべき姿勢ではないとして、被害農民の団体である渡良瀬川鉱毒根絶期成同盟会と水質審議会・第六部会委員恩田正一に連絡し、具体的な被害が出ているかどうかの報告を求めた。経企庁も通産省の東京鉱山保安監督部に決壊の事実を報告したと同日、県に連絡があった。発生からすでに一週間近くも経っていた。

昭和四一年九月二六日、参議院商工委員会が開かれ群馬県選出の参議院議員近藤英一郎は、渡良瀬川の水質基準の早期決定、足尾銅山堆積場の鉱毒流出防止対策などについて政府側（経企庁、通産省、農水省など）の見解を質《ただ》した。だが政府見解に大きな進展は見られなかった。

（近藤英一郎は群馬県山田郡大間々町出身。自民党、旧毛里田村同一選挙区選出の県会議員、同議長から昭和四〇年七月、参議院議員に当選。渡良瀬川の鉱毒問題に関連して参議院商工委員会で三度質問した。水質基準の決定を急ぐよう求め、土地改良などの対策を促進した）。

昭和四二年二月二一日午後二時、渡良瀬川の水質基準を決める経企庁水質審議会第六部会が経企庁内で開かれた。「百年鉱害」の足尾鉱毒事件について、対策の要《かなめ》となる水質基準決定が間近に迫った。鉱毒被害の最も深刻な太田市毛里田地区の鉱毒根絶期成同盟会は前日二〇日、会長板橋明治らが代表役員会を召集した。

経企庁がすでに内示している水質基準の上限〇・〇六ｐｐｍでは「現在とほとんど変わりがな

く、被害農民の救済にはほど遠い」としてこの日、地元農民約一七〇人が大型貸し切りバス三台に分乗して経企庁に出向き、同部会長内田俊一郎に「〇・〇二ppm以下でないと納得できない」と要請し、「〇・〇六ppm案」を撤回するよう強く訴えた。

## 水質審議会第六部会・答申

昭和四二年二月二一日、政府の水質審議会第六部会は渡良瀬川の鉱毒防除について答申し、焦点は政府が答申の線に沿って具体的対策に乗出すかどうかに移った。だが具体策の実行をめぐって、通産、農林、経企の関係各省庁（すべて当時）が対立した。答申の付帯決議の中で、鉱山施設の改善に必要な四億八〇〇〇万円をどの省庁が負担するかで話し合いがつかなかった。農林省と経企庁は「会社側が大半を負担すべき」だとしたのに対し、通産省は「現在の会社に責任は少ない」とこれを拒んだ。

「具体的な対策がまとまり次第、この流水基準を水質基準として採用し、規制できるよう正式決定する」

経企庁は独自の方針を示したが、三省庁が対立したままいっこうに歩み寄りを見せず、水質基準の決定がいつになるかわからない状態となった。

一方、この日水質審議会第六部会で八年がかりで進められてきた渡良瀬川の水質基準が設定された。だが政府が示した足尾町の山元対策や被害農地対策に群馬県は「納得できな」と強い不満を示し、政治折衝を通じて地元の要求を政府案に具体化させることが出来るかどうかが緊急課題となった。

それまで政府が四二年度の新規対策事業として県側に明らかにしたのは、太田市毛里田地区に農林省が造成する計画の試験圃場《ほじょう》二〇〇万円だけだった。ただ三年後には約一三億円の客土事業を実施することを確約した。県と地元被害農民が四二年度から即時着工を要求していた足尾町の山元対策については、通産省の主張に沿って四億八〇〇〇万円見積もられただけで、実施計画は固まらなかった。納得のゆく対策を条件に柔軟な態度を見せていた地元被害農民には、この日の水質基準設定に落胆の色が濃かった。

群馬県側は地元選出代議士に働きかけ、山元対策の早期具体化を要求する一方、被害農地対策についても農林省が示している土地改良事業並の五〇パーセントの補助率を引き上げる特別立法措置を働きかけていった。

## 公害の企業責任

政府は昭和四三年（一九六八）九月二六日、熊本県水俣湾周辺と新潟県阿賀野川流域で多数の被害者（死者・患者）を出した二つの水俣病について正式見解を発表した。熊本の水俣病については厚生省（当時）が「新日本窒素肥料（現在のチッソ）水俣工場のアセトアルデヒド酢酸設備内で生成されたメチル水銀化合物が原因の公害病である」と断定した。新潟の水俣病については科学技術庁（当時）が「昭和電工鹿瀬工場（現在の鹿瀬電工）のアセトアルデヒド製造工程中に副生されたメチル水銀化合物を含んだ排水」が中毒発生の要因となっている、との〝技術的見解〟を発表した。いずれも企業責任を政府の判断で明確にさせた。一方、厚生省は同日、新潟の水俣病について、科学技術庁の見解とは別個に、新潟の水俣病も「公害病」だとの認定を下し、今後の両地域の被害者救済策を示した。

## 〇・〇六ppm――水質基準をめぐる攻防

昭和四〇年（一九六五）代に入ると、水質審議会の専門部会も水質基準の数値決定を迫られた。農民側は当初、「作物に害がない数字として銅〇・〇一ppm」を要求したが、最終的には「〇・

〇二ppm」以下に統一した。

これに対して経企庁は、四三年三月六日、大間々町高津戸《たかつど》地点での水質〇・〇九ppmをもとに、このうち六四・五パーセントが鉱山側の鉱毒で、三五・五パーセントが自然公害だとして、水質基準を「〇・〇六ppm以下にする」、足尾銅山の排水基準を足尾町の通称「オットセイ岩」地点（渡良瀬川上流部）で「一・五ppm以下にする」との結論を決定し告示した。

水質基準の数値決定をめぐって、東毛同盟会は行政に道を開くかのように、〇・〇六ppmでの決定を陳情した。毛里田の鉱毒根絶期成同盟会にとっては、リーダー恩田正一が孤立状態という最悪の中での方針決定であった。これが毛里田地区（昭和三八年太田市に合併）と、他の地区との確執の遠因になった。足尾銅山にとっては、この決定は「朗報」であった。〇・〇六ppmならば、特別の鉱毒防御措置を必要とせず、仮に〇・〇四ppmに減らすだけでも、二〇数億円の対策費を必要としたとされていた。この決定に至るまで、あるいはこの決定後に異議を唱えて、板橋ら毛里田の農民は貸し切りバスや電車で東京への「押し出し」の活動を持続した。その回数は、数十回を数える。

いずれにせよ、水質審議会が設けられてから、昭和四四年一二月に水質基準が施行されるまで一〇年を超す長い歳月が流れた。

政府の水質審議会の調査や学者による分析が続いた。昭和四五年（一九七〇）一二月二五日「農用地の土壌の汚染防止等に関する法律」（土壌汚染防止法）が公布された（四六年六月五日施行）。四六年二月には、群馬県の分析により、毛里田地区の玄米からカドミウム〇・九三ｐｐｍが検出された。再び衝撃が農民たちを打ちのめした。

## カドミウム米の検出

銅の水質基準をめぐる攻防が続く中、毛里田地区の農民は再度最悪の悪夢の襲来を受けるのである。

昭和四六年二月にカドミウム汚染米が検出された。米に最高〇・九三ｐｐｍ、土壌に四・七八ｐｐｍそれぞれ検出され、新たな重大問題となった。その後、渡良瀬川から取水する桐生市上水道にヒ素が検出されるなど、汚染物質の拡大もまた明治期と同様の過程をたどった。

カドミウム米の発見は営農の危機だけでなく、農民を含むこの地域社会・住民全体の生命や健康、平和な家庭生活を脅かすものであった。銅汚染とのダブルパンチであり、かつてない衝撃だった。

「鉱毒に痛めつけられ、やっと収穫した米から今度はカドミウムとは……」

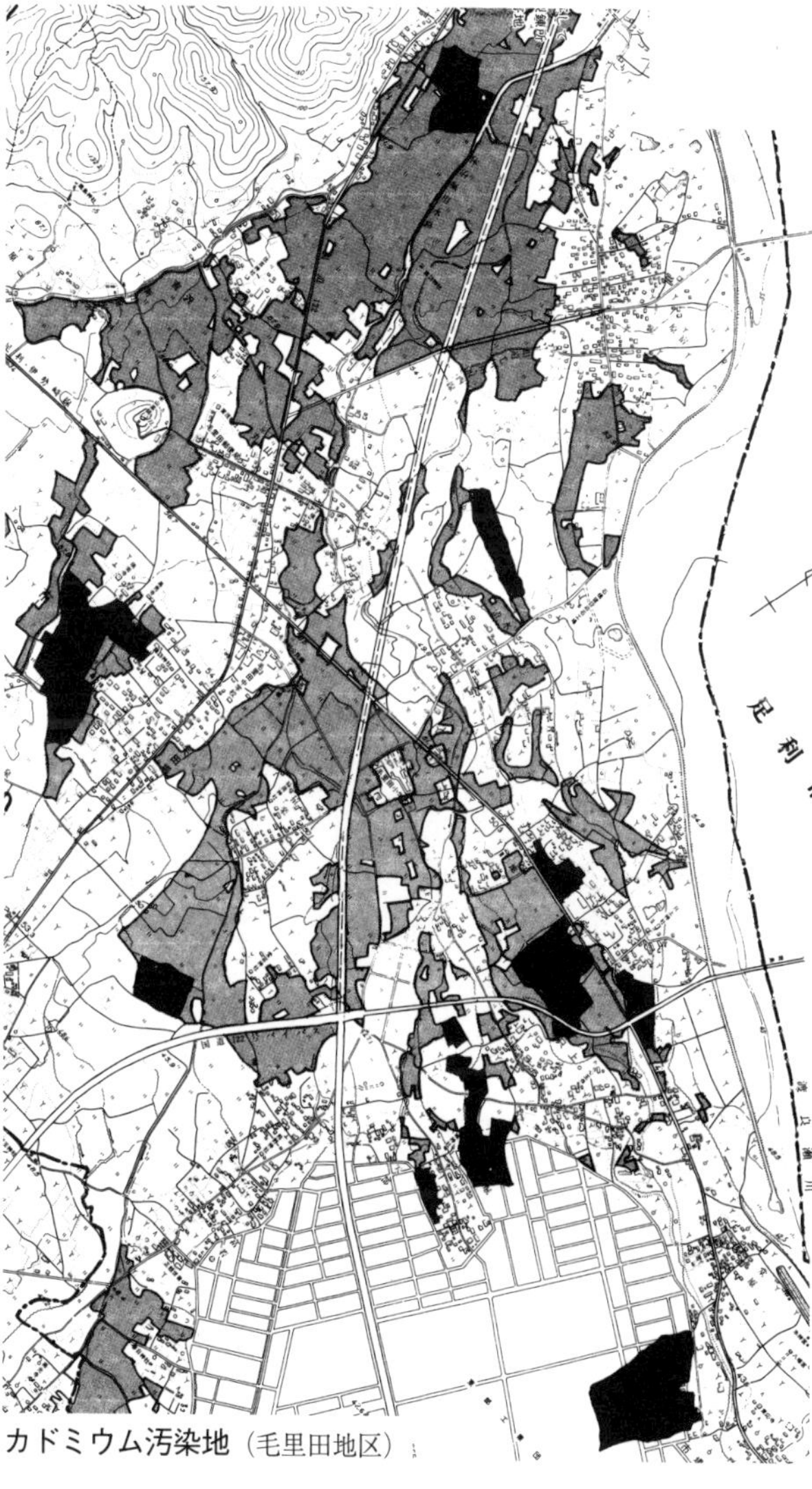


カドミウム汚染地（毛里田地区）

被害農家は怒りを噴出させた。

鉱毒根絶期成同盟会会長板橋明治は怒りをぶちまけた。

「米がとれるかとれないかの問題ではなく、食えるか食えないかの緊急事態になった」

同盟会は急遽自家保有米対策や補償問題などを協議した。

「銅が流れてくればカドミウムが含まれていることは当然考えられたはずである。国や県は今まで何をしていたのか」

板橋は徹底追及する方針を打ち出した。

二重の苦難を突き付けられた農民たちは農作業の大切な時間を割いても抗議に立ち上がらざるを得なかった。

## もうがまんできない!

同年三月二日付け『東京新聞』は「『対策手ぬるすぎる』太田毛里田農民、群馬県へ六項目の要望書」との見出しで報じた。

「もうがまんできない!」準汚染地域に指定された農民一二〇人は一日、貸し切りバスに分乗して県を訪れ産業会館で荒井政雄副知事、中村宗弘農政部長らと会い、カドミウム汚染に対する

荒井副知事(後姿)に陳情する前会長恩田(立っている)と板橋会長(左側)、その左は遠藤太田市助役

毛里田農協倉庫の前で団結して気勢をあげる被害者たち
(期成同盟会提供)

県当局の責任ある対応を要望した。

同行した遠藤金作太田市助役が六項目にのぼる要望書を手渡し、約三時間にわたって農民と県との間に、突っ込んだやり取りが交わされたが、先祖代々鉱害に悩まされ続けてきた農民の怒りはいまにも爆発しそう。県庁では神田知事と古河鉱業幹部が会見しているのを知った一行は、〝代表を会場に連れて来い〟といきまいたが、この対決はとうとうすれ違いに終ってしまった。

群馬県の知事神田、副知事荒井は三月八日そろって上京し、総理府公害対策本部や経企庁、通産省、農水省など関係各省庁を回って陳情を行った。

①土壌汚染有害物質に銅を早期指定すること。

②カドミウム一ppm未満の汚染地も対策事業の対象にし、農業負担のないようにすること。

③群馬県が行う住民検診でカドミウム中毒症が見つかったときには、厚生省が責任をもって最終チェックをすること。

④水質基準銅上限〇・〇六ppmを、さらに引下げること。

被害者農家の陳情と内容はほとんど変わらなかった。

三月二六日、衆議院産業公害対策特別委員会が開かれ、被害地太田市選出の自民党議員中島源

太郎は「足尾銅山の歴史は古く、三〇〇年間の銅鉱害がある。地元負担は国民的行政の上からも許されない。企業、国が相互補完しながら土地改良は国が行うべきだ」と政府主導の土地改良の必要性を訴えた。これに対して政府委員は「できるだけ国の方で努力をしたい」と答え、水質基準の根拠については「土壌中に銅が三〇ｐｐｍあると水稲に被害が発生するというデータをもとにした」と答弁した。

カドミュウム汚染米の交換と廃棄処分が行われることになった。カドミウム検出で、毛里田期成同盟会から古河鉱業株式会社への損害補償要求は同盟会の試算で総額三九億円にも達することになった。毛里田地区の汚染はこの地を農業用地としてではなく、これを切り捨て別の用途（工業団地など）に転換する政治圧力が、土壌にも、地域社会にも、農民の精神にも、広がり始めたことを意味した。

一方、古河鉱業は、昭和四七年四月、農業振興資金として太田市中央農協へ二一〇〇万円を寄付した。同盟会側はこれを受け取ることを拒否した。

（昭和四九年（一九七四）になって、群馬県は渡良瀬川流域を土壌汚染対策地域農用地に指定した。その面積は三五九・八ヘクタールで銅とカドミウムとの複合指定である）。

## 群馬県庁への抗議

「渡良瀬カドミウム公害の原因者は足尾銅山である、とこの場で発表せよ」

「毒とわかっている米を食べなければならない農民の苦しみを知って欲しい」

昭和四七年（一九七二）一月一四日、同盟会会長板橋を先頭に農民約五〇人は現地で収穫されたカドミウム汚染米をもって群馬県庁を訪れ、県幹部に厳しく詰め寄った。渡良瀬川鉱毒の加害者がいまだに特定されず、汚染米についても具体的対策の手だてが打たれていないことを怒ってのことだ。農民代表と県幹部の協議の中で、県は最後に「年度末の三月末までには公害原因者究明の結論を出したい」と明言した。

銅公害の被害地毛里田地区の水田で収穫された四五年産米から最高〇・九三ppm、四六年度産米からは最高一・五一ppmの高濃度カドミウム米が発見された。カドミウムにおかされていることが確実になり、国の安全基準一・〇ppm以上の汚染田が三〇ヘクタール、〇・四ppm以上の準汚染田が一四一ヘクタールにも広がっていることがわかった。

政府や県は、カドミウム汚染米が発見された前年二月から原因者の究明に乗り出していた。しかし「渡良瀬川の上流にある古河鉱業足尾鉱業所が原因者らしい」と発表しただけで、渡良瀬川のカドミウム濃度が国の水質規制基準以下などの理由から鉱業所を原因者とする確実な証拠がないとの理由で断定を避けた。

被害農民への救済策は提示されないままとなり、農民は二重三重の苦痛を味わわされることになった。汚染田（「犠牲田」）は本来ならば作付け中止にして原因者が補償金を支払うのが当然の責務である。だが、この鉱毒事件では補償金を支払うものがなく、汚染田を今後どうするかの具体策も立てられていなかった。さらに県は農家の保有する汚染米を政府米と交換する措置を進めていたが、交換によって生ずる大きな損失は原因者が明らかになるまで農民負担であった。

同盟会長板橋は、①汚染米交換による損失は県が一時立替《たてか》える、②カドミウム原因者の決定を一月末までに公表する、③汚染田対策を早く示す、などを陳情し即答を迫った。副知事荒井政雄は答えた。

「県が農家保有の汚染米交換費用を出すわけにはいかないが、農民が金融機関からの融資を受けたときの利子補給をする。汚染田対策はできるだけ早く行う。原因者については、足尾銅山が原因者であるとの科学的立証を急いでいるが、決定はもう少し待って欲しい」

「国、栃木県と協力して足尾銅山の山元調査をし、その分析を急いでいる。今年度末までに原因者を決定したい」

企画部長横田博忠は約束した。

農民たちは口々に八〇年に及ぶ鉱害の苦しみを副知事荒井らに訴えた。

「立証できないとして原因者断定を避けているようだが、今やっている調査方法ではいつまでたってもはっきりしないのではないか。三月にどういう結論が出るか期待している。ともかく、毒米と知らされながらその米を毎日食っているわれわれのことを忘れないで欲しい」

同盟会会長板橋はこう言い残して引揚げた。

「鉱毒汚染農地」と騒がれるだけで農作物価格が暴落し収入が激減する状況になるのを危惧《きぐ》する農民にとって、足尾鉱毒は禁句も同然だった。野菜栽培農家からは「野菜が市場で今までのように売れない。それというのも鉱害であんまり騒ぐからだ」との反発も出た。

指導者板橋は苦しい立場に置かれた。「小を捨てても大は取る」。板橋はこう自分に言い聞かせた。たとえカドミウム汚染問題で窮地に陥っても、古河鉱業の罪過を公の場で明らかにして見せるとの決意だった。


四六年八月、同盟会会長板橋らは発足二カ月目の新しい官庁・環境庁に長官大石武一を訪ね、被害の状況を訴えた。そして、古河鉱業に過去一世紀近い農作物被害の補償を要求する方針を伝えた。長官大石は「あの田中正造翁の頃の足尾鉱毒事件がまだあったのか」と政府の長年に亘《わた》る無策に驚いた。大臣は積極的対応を約束した。板橋は語った。

「田中正造の精神は生きていたが、事件は被害者を多数残したまま消されてしまったのです」。

## 動かぬ証拠・航空写真

四六年八月二一日、同盟会会長板橋は館林市の知人の協力でセスナ機に乗りこみ、足尾銅山の上空を初めて飛んだ。空から荒廃しきった足尾の岩山をカメラの映像におさめた。九月一三日付けの「朝日新聞」にカラー写真が掲載されたが、板橋はコメントで強調する。

「今まで国や県に航空写真のなかったのが不思議で、その破壊の凄《すさ》まじさは言い尽くされないほどだ。会社側が言う鉱毒除去対策も信じられなくなった」

これに対し古河鉱業足尾鉱業所副所長春徹郎は反論した。

「板橋会長の航空写真を見ていないので想像で申し上げるが、堆積場のように写っているのは禿山《はげやま》の地肌が剥《む》き出しになった関東ローム層ではないか。鉱業所だけで年間一億円以上の鉱毒除去対策とっており、禿山も営林署と共同で植林し、少しずつ良くなっているはずだ」

骸骨のようになった岩山に関東ローム層がいったいあるのか、不思議な反論であった。

同盟会は四六年（一九七一）六月九日、古河鉱業に対して一二〇億円の損害賠償を求めることを決めた上で改めて抗議した。板橋は、弁護士など法律の専門家や革新系団体・学者・有力者などには一切頼らない独自の運動を展開した。板橋の不眠不休の研鑽は始まっていた。賠償請求するための資料とデータの収集、整理に全力を尽くしていた。そんな中で初めて空から鉱毒堆積地などの航空写真が板橋によって撮影され、銅山の全体像が明らかにされた。空からの命がけの撮影で、一四カ所もの大きな堆積場があることが分った。最南端にある源五郎沢堆積場は、堆積量から言うと八番目だが、その一部が決壊しただけでも三三年のような大被害をもたらしたので

セスナ機による撮影（板橋明治氏提供）

ある。

セスナ機に同乗した谷津義男（後に自民党衆議院議員）は追想する。

「どうしても足尾の山の状況を写真に撮《と》りたいと、板橋さんが言い出しました。それでは、空から撮るしかないということになり、館林に大西飛行場というのがありますが、そこからセスナ機を飛ばそうということになりました。しかも、普通の日に飛ばしたのでは何にもならない。夕立になり、何か雨が降った時に飛ばしてもらわないと、渡良瀬川の濁りが写らないということになりましたが、雨が降っている時に飛ぶのは危険である。それでは、夕立の後に飛ぼうということで、ある日の夕立の後足尾に向かって飛びました。雲の中を飛びまして、これでは危ない、いつ山に衝突するか解らないという状況の中で飛んだわけです。そして、足尾の上空に着きましたら、ちょうどぽっかりと雲が切れて、三川合流《さんせん》の上から、清らかな水が流れているところに、足尾からの水が濁流となって流れ込む光景がよく見えました。そして、その風景を写真に撮りまして後日公害等調整委員会に提出致しました。その写真が、朝日新聞の一面に大きく掲載されまして、それがきっかけとなって、調停が成立したと私は思います。そして土地改良事業も始めることが出来たと思います」

板橋は、一〇月二一日通産省保安局長を訪ね裁判に打って出るため政府資料の提供を求めた。次いで政府の中央公害審査委員会に初めて脚を運んだ。この頃から裁判に訴えるよりも公害審査委員会へ調停申請を出した方が早期解決につながるとの考えに傾き始めた。そこに一二月末カドミウム米事件が起きた。

# 第五章　公調委に訴える

「古河鉱業をこのままにしていたのは国にも責任があるが、（事件は）企業そのものだということで企業責任の追及として進めました」

（会長板橋明治、「講演」より）

「鉱毒事件の被害立証の難しさは資料の不足によります。これには本当に泣いてしまいます」

（同　右）

## 訴えの決断

昭和四七年一月、毛里田地区で収穫された米の一部（九九三〇キログラム）が、カドミウム汚染の濃度が高いことから出荷が凍結される事態になった。生活権を奪われた農民たちは古河鉱業に対して、改めて一二〇億円の損害賠償を要求した。明治・大正・昭和期と一世紀近い被害を換算すれば決して法外な要求額ではなかった。しかし、古河鉱業はこの要求をはねつけ、米のカドミウム汚染に対する責任も認めなかった。そこには「社会や国民に貢献する企業」との奉仕精神は見られなかった。

四七年（一九七二）三月二六日夜、農民の決断の時が来た。古河鉱業に対し「親子三代の苦痛」の代償約一二〇億円の損害賠償請求と企業責任の追及に立ち上がるのである。毛里田地区の渡良瀬川鉱毒根絶期成同盟会（農家一一〇〇戸）は、会長板橋の呼びかけで緊急役員会を開いた。会議は深夜にまで及び、裁判か調停かで激論が交わされた。第一回の賠償請求・四億三四〇〇余万円を、同月三一日に公害紛争処理法による中央公害審査委員会（注＝七月から公調委・公害等調整委員会に改称）に提訴することを決議した。八〇年間続いた足尾鉱毒被害の総決算ともいうべき訴えであり、「公害第一号」が公の場で審判されることになった。

渡良瀬川の水を農業用水にしている毛里田地区の約五〇〇ヘクタールの水田は大雨のたびに足尾鉱毒の〝魔の白い水〟（「ニゴリ」）の被害を受けた。付近の土壌中には一〇〇〇から二〇〇〇ppmの銅が蓄積し、農作物の収穫に深刻な影響を及ぼした。渡良瀬川沿岸で、右岸のここだけが極端に「ニゴリ」に襲われ続けた。前年春、カドミウム米問題が起き、暮には玄米中のカドミウム濃度が安全基準の一ppmを越える汚染田が三九・四五ヘクタールも確認された。

「米がとれるかとれないかではなく、食えない、売れないの深刻な問題になった」

被害農民の怒りは足尾鉱毒事件を爆発させた。

鉱毒根絶期成同盟会はカドミウムも足尾銅山が原因であるとし、山元足尾銅山にくり返し抗議に押しかけた。だがこの時も「カドミウムはいっさい出していない」と突っぱねられ続けた。

「それなら親子三代にわたる鉱毒被害の企業責任をとれ。八〇年にさかのぼれば一戸一〇〇〇万円から一二〇〇万円の鉱毒被害で一二〇億円になる」

損害賠償請求に立ち上がる決意を固めた。第一回の訴えとして毛里田一一地区から代表それぞれ一〇人を選び、計一一〇人で申請することにした。

請求額は一〇アール当り米にして一二〇キロ、麦一八〇キロの被害、当時の価格で二万八一四二円の減収。鉱毒を中和する土地改良資材として一〇アール当り一三二〇円。また、鉱毒水が流れ込むたびに夜回りし、「鉱毒溜《だ》め」の汚泥を排除する管理費と慰謝料一〇アール当り一万円を合わせて、一〇アール当り三万九四六二円とした。一戸平均の水田は五〇アールであり、したがって一戸平均一九万七三一〇円となり、とりあえず被害状況が整っている過去二〇年分の一戸の請求額三九四万六二〇〇円とする。一一〇戸分で四億三四〇八万二〇〇〇円を第一回の賠償請求額にすることにした。

「過去二〇年分では不足だ。あくまで親子三代、明治初期の鉱毒被害にさかのぼって、賠償を求めるべきだ」

農民代表から当然の意見が出された。だが「第一回分は一二〇億円の内金請求に当る」として全員一致で決まった。公調委への申請を前に板橋ら農民代表は館林市の雲龍寺に出向き、田中正造の霊前に手

田中正造墓前必勝祈念（昭和47年9月、雲龍寺）

を合わせ「勝訴」の誓いをたてた。会長板橋は新聞記者のインタビューに答えた。

「足尾鉱毒は鉱害を初めて世に訴えた田中正造翁時代から、国と企業のなれ合いで農民の被害はそっちのけにされてきた。今度の提訴は賠償を求めるだけが狙《ねら》いではなく、今なお続く足尾鉱毒事件を公の場に引きずり出し、それによって鉱毒根絶をはかっていくものだ」

## 提訴団・上京

昭和四七年三月三一日午後、東武線太田駅前に参集した上京提訴団一五人と見送りの農民五〇人を前に会長板橋は挨拶《あいさつ》した。

「八〇年に及ぶ父祖三代の苦痛と怨念をこめて、これより提訴に出発する。被害の実態が国家の機関である総理府の公害審査会の場で解明されることは意義深い。今や田中正造の精神を具現化するのである。必ずや苦悩は報われると信じる」。

勝利を誓う決意表明だった。申請代理人には弁護士を委任せず、会長に板橋明治(五一歳)、副会長に中野幸郎(六二歳)、岩下一郎(五六歳)、監事に馬場朝光《ともみつ》(五九歳)、会計に島崎進(四四歳)の五人だった。「五人の侍」は法律の世界にはずぶの素人ばかりだったが、素人集団だけに板橋を中心に独自の猛勉強を続けた。板橋の一日の平均睡眠時間は三時間から四時間で、山と積まれた資料と書籍の中で暮らす毎日だった。食事がのどを通らなくなり体重が急激に減った。農作業や養蚕は妻茂子に任せ切りだった。

調停申請は、鉱業法一一五条に基づき農業被害の損害賠償を求める農民からの初「提訴」だった。国の調停機関に訴える方が現実的であり、かつ有効な手段であるとの独自の判断であった。(夫を駅頭で見送った茂子は「とても勝てるとは思えない」と淋しい気持ちに沈んだ)。

同盟会はその後五月一九日に第二次申請、八月三一日に第三次申請をした。第一次申請を合わせた最終的な調停申請は、申請者数九七三人、賠償請求対象の被害面積四七〇ヘクタール、損害賠償請求総額三九億一三八万円である。

## 群馬県・鉱毒原因者を古河と断定

「渡良瀬川カドミウム汚染の原因者は古河鉱業である」。

昭和四七年四月一二日、群馬県は渡良瀬川流域の農地や川の水質それに足尾銅山の堆積場などの汚染実態の調査結果を公表し、こう断定した。太田市毛里田地区の水田土壌中に含まれる銅とカドミウムには相関関係が認められ、カドミウムと銅が同じ水路をたどって汚染を深刻化したと位置づけた。画期的なことだった。しかし、これだけの断定にもかかわらず、会社側は否定の態度を続けた。

加害行為を決定付ける「証拠固め」の必要に迫られていた群馬県は、新たに渡良瀬川本流・支流の水質調査を始めたのであった。原因者断定の裏付け資料となった栃木県との共同調査でも河川水、川泥の分析データはそろっていた。だが、それまでの調査では、魚類、虫類、水ゴケなどの草類の生物調査が中心だった。調査は県水産試験場の担当官を主体に進められた。特に定着性のある草類や底生生物からは多年にわたる鉱毒の蓄積が確認できた。

同盟会会長板橋は、渡良瀬川鉱毒に関連して被害農家の税金類の減免を群馬県や太田市に働きかけていた。だが、いずれの税金類も鉱毒地には減免の特典がないことがわかった。

「とれない、売れない、食えないのに税金だけはキチンととるのでは血も涙もない」

板橋は失望の色を濃くした。この間、古河鉱業は太田市中央農協に鉱害対策名目の〝寄付金〟二〇〇〇万円を送金してきた。この「不審な寄付金」の取り扱いについて根絶期成同盟会は対応を協議した。調停申請を前にした「示談攻勢」であることは明白だった。

## 『寄付金』二〇〇〇万円の性格

四七年四月一七日、同盟会会長板橋明治ら農民代表は群馬県庁に副知事荒井政雄を訪ねた。古河鉱業が太田市中央農協に送金した「寄付金」二〇〇〇万円の性格を質《ただ》すとともに「不明朗な金であり突返して欲しい」と要求した。同盟会は「知事が、この金はカドミウム公害補償の一部である、と文書で明らかにしない限り、絶対に受け取れない」と主張した。県は「補償のような、そうでないような」との責任逃れの発言を繰返し、二〇〇〇万円は性格がはっきりしないままで宙に浮いた形となった。その後も群馬県からは明快な回答が示されなかった。

## 調停第一回

四七年五月二〇日午前一〇時半、公害等調整委員会調停第一回が総理府（当時）で開かれた。渡良瀬川鉱毒事件が裁かれる時を迎えたのである。ここで公害等調整委員会の役割について記したい。公害紛争は被害者・原因者ともに多数で、問題が地域全体に関わるものとなる場合が多い。従って、訴訟によって公害紛争を解決しようとしても、その解決が地域社会全体の公害対策にはすぐにつながらないため、充分な解決とはならない場合が少なくない。調停では、現在も続いている公害をあつかうため、可能な限り早い決着を目指そうとするところに裁判とは大きな違いがある。

委員長小沢文雄が挨拶した。

「これから調停を行うわけであります。調停は争点を出し合って論戦を張るのではなく、意見はそれぞれ違うので充分出していただきたい。もちろんかみ合わない持論があると思う。収穫が減ったとする農民側、鉱害は流していないとする企業側。だが収穫減の疑問の原因をひとつひとつの問題点を見出して両者が納得できるものでなくてはならない」。

「公調委職員は話し合いの橋渡しをしたい。そこで公害

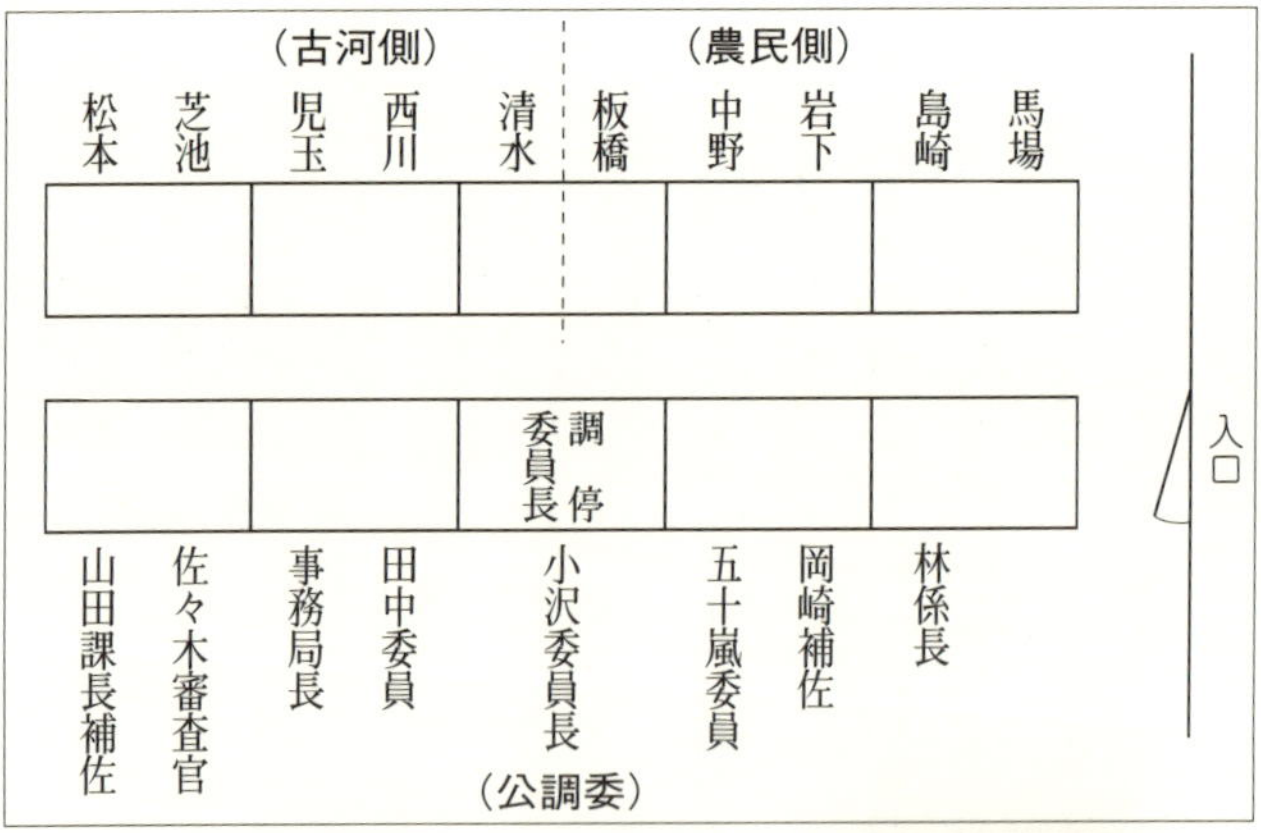

公調委始まる

担当者はいずれの味方か。両方の味方であり、全く白紙である。調停は話し合いであるので、最終的には意見の一致をみたい。両方に我慢《がまん》ばかりせよとは言わない。充分にうかがってどこまでも穏当な調停としてやりたい。こちらが理解できない時には痛い所まで聞きますが、こちらが敵になるわけではない。決して相手方の味方ではない。調停はお互いの合意が前提であるが、直接話し合うと語気が荒くなるから、そのようなことの無いように願いたい。この調停は、非公開が原則でありますから、一度言ったことでも何時《いつ》でも訂正してよろしい。話の内容を部外へ出して相手方の感情を固めては困ります。この鉱毒問題は八〇年と長い事件ですが、私共もどういう御縁《ごえん》か解決させていただきます。では申請人の方から説明をしてください」

会長板橋が答弁に立った。

「申請書が提出されていますので、それによって申します。

本調停は昭和四七年三月三一日提出いたしたが、公害紛争処理法第二六条の規定に基づき以下申し述べるごとく申請したものである」。（以下、提出資料によって記述する）。

「一、当事者の氏名住所は、板橋明治外一〇九名で、別紙当事者目録（省略）に記載の通りである。その代理人は板橋明治、中野幸郎、岩下一郎、島崎進、馬場朝光でそれぞれの住所は記載の通り（省略）である。

二、紛争の相手は古河鉱業株式会社、代表者清水兵治、住所は東京都千代田区丸ノ内二―八である。事業活動の行われた場所などについては、栃木県上都賀郡足尾町通洞九番地同じく本山一番地である古河鉱業株式会社・足尾鉱業所及び足尾製錬所である。

三、被害発生した場所は、群馬県太田市大字只上《ただかり》、吉沢、丸山、谷田堀、東今泉、市場、富若、古氷（現緑町）地域（以上毛里田地区）の各地内における主として水田及び用水用地など。

四、申請を求める事項及びその理由について

①申請人等は、古河鉱業株式会社の事業活動による鉱毒のため農作物等に損害を受けてきたが、その損害金四億七〇〇〇万円を、これが賠償として古河鉱業株式会社に請求する。

②申請人等は、太田市において、米麦を主として農業を営んでいるが、用水は渡良瀬川を利用しているため、上流にある相手方古河鉱業の事業所がその活動のため（川が）汚濁され農業用地が荒廃し積年の被害のため農作物の収穫が激減し、生活が失われている現状である。それは事業所が銅を主とする製造により廃棄物鉱滓（スライム）が水田等に流入して、物理的化学的被害を生じ、また山元の煙害により水源涵養がなされないから雨降っては洪水になり、干天には田畑の固結を生じ、農作物は枯損し、また薬害を生ずるなど、農作物の被害は甚大であり、毛里田地区においては明治二三年第一回洪水以後、今日まで八

○年の苦痛に耐えてきた。鉱毒（主として銅鉱害）による被害は一二〇億円と推計され、企業責任として厳しく追及されねばならない。

今回はその賠償請求として上記申請人一一〇名が昭和二七年より昭和四六年までの二〇カ年に受けた損害が四億七〇〇〇万円となるので、これが金額の請求を行うものである。

その算出基礎、及び紛争の経緯は別添（省略）の通りである。」

〔委員長小沢〕「算出の基礎について説明せられたい。」

〔会長板橋〕「被害水田一〇アール当り損害は四万一三九四円であるが、内訳については、

①減収量について、毛里田地区内水路と土質、天候に支配されるため被害は毎年均一ではないが、過去の経験する実態と公的機関の諸資料によって、もし鉱毒なかりせば、現在の実収量より米に於いて一二〇キロ、小麦で一八〇キロ以上多くとれたと推計され、その合計は二万八六二八円（昭和四六年標準等級の政府購入価格）である。

②対鉱害対策管理費等について

一、鉱毒泥土除去、客土等については作業の方法、回数と量は地内一円均一ではないが、水田及び水路等の汚泥除去は必ず行わなければならない。客土も所によっては行ったが、現在なお土壌中の銅が一・六〇〇ppmから二・〇二〇ppmの高度になり、平均〇・九

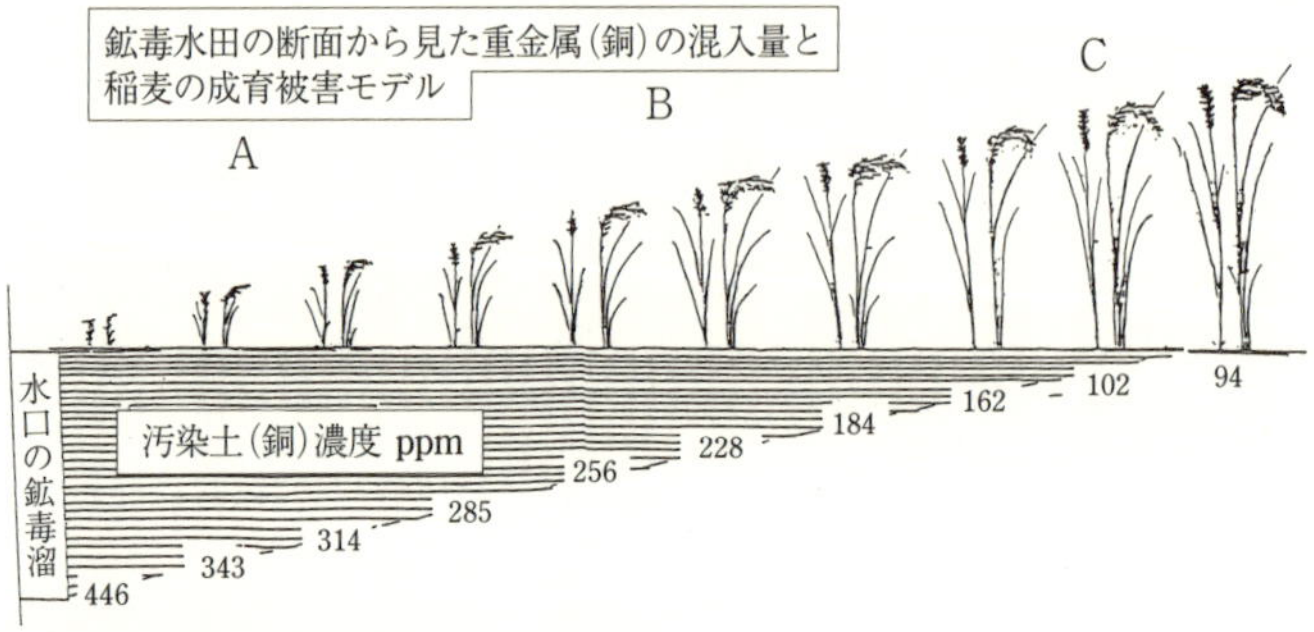


稲麦の成育被害（第5工区祈念碑陰より）

鉱毒水田の水口と水尻での稲の発育（公調委に提出）

八〇ppmと言われているが、これがための費用算出は後日資料の整備を得た上で追加したい。

二、鉱毒流入防止のための水管理について、

鉱毒は何時《いつ》不意に流入するかも知れないし、川は何時濁ってくるか、また急に断水、減水または溢増水するのか全く不安定な流れが、所謂《いわゆる》鉱毒に禍《わざわい》された用水である。夜半でも水廻りは欠かせない。このため鉱毒が流れてくることによって必要とする見廻りの時間は平均一〇アール当り一五分とし、農業労賃から逆算して通水期間一四三日分で九二四五円となる。

三、酸性作土の中和、改良等資材について

古くから生《き》石灰等を多く用いてきたが、現在でも使われているか更《さら》に若干の種類が使用されているが、普遍的に最近使用するものとして次の物を試算した。

裏作用　タンカル（生石灰、酸性土壌中和剤）　六袋@一四〇円×六＝八四〇円

表作用　苦土石灰（同前）　三袋@一六〇円×三＝四八〇円

計　一三二〇円

四、土壌改良資材の散布費について

後日検討上追加したい。
③慰謝料について、
鉱毒こそ明治以来父祖三代にわたる怨念であり、生活は大きく破壊され打ちのめされて来た。しかし時運による早期解決と彼我《ひが》職を通じ共に国に奉仕する所以を一応考慮し、僅少な形ばかりとした。よって一〇アール当り一日の農業労賃として二二〇〇円を計上した。
④その他鉱毒根絶のための過去八〇年の陳情運動と対策や措置、あるいは社会上・行政上から受けた諸問題等、有形無形の損害は莫大であり、到底数値によく表すことは出来ない。」

## 被申請人の陳述

委員長小沢「被申請人から意見書が出ているが。」
古河鉱業社長清水「意見書について全部言い表されておりますが、常務西川次郎に説明させます。」
常務西川「昭和四七年第八号調停申請時件につき被申請人は下記の通り意見を開陳します。(以下、提出資料による。)
昭和四七年五月四日

東京都千代田区丸ノ内二丁目六番地一号
被申請人　古河鉱業株式会社
代表取締役社長　清水兵治

中央公害審査委員会殿

記

申請人に対する意見の要旨
本件申立につき、被申請人は申請人側の主張されるような農作物の減収はなく、又申立事項は既に解決済みの事項に属するばかりでなく、古きに失する請求も包含されてると思料するので、これらの点につき申請人側の納得を得られるよう然《しか》るべく調停あらんことを求める。

理由

第一　申請理由に対する被申請人の見解
一、申請人板橋明治他一〇九名（以下申請人側という）全員が主張の期間、群馬県太田市に於《お》いて、米麦を主とする農業を経営していること、及び全員が渡良瀬川の流水を農業用水として利用していることは、被申請人の側では判らない。
二、被申請人が渡良瀬川本流に事業所を有していること、及び事業活動を行っていることは認める。

三、被申請人の上記事業所に於ける「事業活動の結果として」申請人側の述べられている障害及び農作物被害が生じたことは被申請人としては理解できない。

四、又、申請人側で述べられている損害の内訳も、被申請人としては判らないし、これを被申請人に賠償せよとの請求については見解を異にする。

第二　足尾銅山の沿革について

一、足尾銅山の歴史は一六一〇年に徳川二代将軍秀忠の時代に始まり、爾来《じらい》徳川幕府の直営銅山として開発された。その後、幾多《いくた》の変遷を経て、明治維新官営となり、明治二年民営を許されたが、古河市兵衛が経営を引き継いだのは明治一〇年からである。

以来、同銅山において鉱業法及び鉱山保安法に基づく国の許可を得て銅鉱の採掘、選鉱、精錬の操業を行っているが、足尾銅山は明治中期より大正年間には我が国産銅の大半を産出する最大の銅山として当時の国家経済発展の大きな原動力となり、又、日清・日露の両役及び太平洋戦争、更には戦後の復興期等国家の非常時にあっては被申請人は国の命令に従い足尾銅山の操業をなし、もって国家の要請に応えてきたのである。

二、鉱害防止に関してとった措置について

明治二三年の渡良瀬川大洪水を契機として、一大鉱毒問題が起こったが、以来被申請人は鉱毒防止に関し、巨額の費用を投じその時々における最高の技術を持って沈澱地、堆積場、鉱煙処理施設等の鉱害防止施設を設け、可能な限り浄化処理を行い、鉱害が発生しないよう細心の注意と最善の措置を講じ、現在に至っている。即ち捨て石、鉱滓についてはは所定の堆積場に堆積してその流出等を防止し、また坑廃水については浄水場において中和処理を行って重金属を除去した後、河川に放流し、もって河川汚濁の原因たる物質の除去を行っている。さらに製錬所における鉱毒煙については、脱硫塔・大煙突による鉱煙の希《き》釈《しゃく》拡散、コットレル式電気収塵《しゅうじん》機処理の時代を経て、昭和三一年以降自熔精錬法採用と同時にSO2ガス（亜硫酸ガス）を全量処理し、硫酸として回収している。

三、水質基準ならびに水質実績について

昭和四三年三月経済企画庁において渡良瀬川の公共用水域の指定と、足尾銅山における排出水の水質基準（銅について）が一・五ppmと定められた。同基準は、潅漑期間中渡良瀬川農業利水地点、高津戸における流水の平均銅濃度を〇・〇六ppm以下に定められたものであるが、基準設定以来今日に至るまで、足尾銅山の排出水及び高津戸における実績は各年とも基準を下回っている。

高津戸における水質実績数値は、被申請人の足尾における事業活動によるもの以外に、後述するいわゆる自然汚濁によるものも含めてもなおかつ、経済企画庁の定めた基準を下回っているということは、被申請人が如何に銅その他の汚濁物質を排出していないかを物語る何よりの証拠である。

四、農作物の減収について

申請人側は本件申立において、農作物の減収があり、この減収は被申請人の事業活動が原因であるとの主張であるが、被申請人としては作物統計等からして減収はないものと信じている。又、被申請人は上述したように鉱害の原因たり得る程の物質を渡良瀬川に流出させていないので、現に行っている被申請人の事業活動が原因であり得ることもあり得ないと考えるのである。

五、渡良瀬川の特性及び自然汚濁について

被申請人は前述したように、被申請人の事業活動によって下流の農業に悪影響は及ぼしていないと信じているが、巷間《こうかん》では同河川の汚濁等はすべて足尾鉱山が原因であるかの如《ごと》く言われているので、若干見解を申し述べたい。渡良瀬川は被申請人が足尾鉱山を経営する以前から、しばしば大洪水を惹起《じゃっき》し、ために同河川の下流に色々の影響を与えてきたことは歴史上顕著な事実であるが、このように大洪水を惹起した所以のものは、同河川の自然的地勢及び往時の低水位治水対策等によるものと考えられる。すなわち渡良瀬川の流域の地勢は極めて急峻《きゅうしゅん》であって、加えて降雨量の大きいところから、上流地帯に降雨が有ればば山腹の鉱質土砂が流出し、ために河川水が濁流となって下流の水田に大きな影響を及ぼしているものと考えられるのである。

六、過去の問題について

被申請人としては、渡良瀬川下流の水田等に何かの影響があったとすれば、その影響は自然条件によるものが大部分と考えるが、しかし渡良瀬川の汚濁は農業に悪影響があり、それらが足尾鉱山の鉱毒と結びつけられてきた経緯にかんがみ、下流農業経営者と円満な関係を維持するため、被申請人は本件流域を含めた下流の行経営者とその解決を図っており、本件も既に解決を遂げた事項内のことと考えているものである。又、申請人側の請求には、古きに失するものまでも包含されていると考えられる。

七、以上要するに被申請人としては、本件に関し当初に述べた意見の要旨の通り考えているので、その旨の調停を求める次第である。」

委員長小沢「毛里田の水田の銅分は一六〇〇ppmから二〇二〇ppmあるというが、被申請人は知っているのか」
常務西川「私どもはわからない」
委員長小沢「降雨に山腹の土砂が流出すると銅が流れ出すのか。」
常務西川「足尾・赤城山脈は関東ローム層に覆われており、この中には多分銅分があることについては後日申し上げるが、これがやはり汚濁の原因だと思う。」
同盟会代表者「そんなものがあるか。」
常務西川「しかし私どもは国で決めていただいた水質基準は守っているし、被害は与えていない。」
同盟会代表者「嘘《うそ》を言うな。」
会長板橋「水質基準は単なる行政数値だ。被害がないこととは違う。去年は用水樋門《ひもん》を一一回閉めた。銅〇・一ppmを越えた日が四六回もあった。とりわけ八月一三日には一・六八ppmと基準の二八倍の濃度のものまで流れているではないか。自然汚濁ではない。古河鉱業の犯した無放任な企業公害の結果である。」

## 激しい応酬

委員会では冒頭から激しい攻防となった。その骨子を『板橋メモ』を参考にして記す。

委員長小沢「被申請人に尋ねるが、被害補償については、その都度解決してきたと言っているが、何時どんな風にやって来ているのか。」
古河常務西川「その都度《つど》してきた。」
委員長小沢「その日時や当事者を明らかにして欲しい。」
常務西川「それは差し支えがあって今は言えない。後日の機会にして頂きたい。」
同盟会島崎「そんなことではダメだ。今ここへ出してハッキリして欲しい。」
同盟会員数人「そうだ、そうだ。ハッキリしろ。」
会長板橋「西川常務が読んだ意見書で『申請人が水田を作っているかどうか、渡良瀬川の用水を使っているかどうか、分からぬ』とあるが、こんな馬鹿な話があるか。こんな事実に反することを言うから腹が立つ。」
委員長小沢「米や麦は鉱毒がなければ良く採《と》れたと言われるが」
会長板橋「昔は良く採れた。資料は多くあるが、大鹿卓が昭和一六年『渡良瀬川』で書いている。それから最近では昭和二七年毛里田村で土地改良事業として、大がかりな客土と排土を実施した。その他、いろいろあるが、昭和三五年、三六年頃の群馬県のパンフレット『足尾鉱害について』が三部から出来ているものも証拠資料として提出してある。ご覧いただきたい。」

委員長小沢「カドミウムについては今回は関係なく別ですか。」
会長板橋「その通り。今回は銅被害だけとし、カドミについては目下調査中であり、被害が一層ハッキリした段階で後日申請する考えだ。」
委員長小沢「賠償金は申請人個人々で清算するのか、又は団体としてまとめた額で良いのか。」
会長板橋「まとめた額で良いと思う。地権者、耕作者の問題もあるが、とりあえず現耕作者として請求し、後は同盟会のあっせんによると申請人の承諾印が取ってある。」
同盟会中野「毛里田地区は昔から土地が良かったので、賃貸価格も高くかつて三三円という群馬県一の所もあったが、今は鉱毒でダメになってしまった。」
同盟会馬場「賃貸価格が高かったのは地主が小作料を上げるためのものだ。古河が自然汚濁といっているが、あれは山元のすさまじい煙害と乱伐によって山が裸になったせいだ。基《もと》はといえば古河だ」
委員長小沢「私ども委員会も土地勘《かん》を得るため一度現地へ伺ってみようと思う。どうですか。同盟会側にも案内をお願いしたい。なお被申請人側も立ち会って頂きたい。」
一同「了解する」。（終了＝一二時四〇分）
委員長は、現地調査を五月二七日に行ない第二回調停を六月二九日、午前一〇時半に開くことを告げた。その後調停は二カ月に一回のペースで進んだ。順調に進むかに見えた。

## 政務次官の暴言

「いまさら足尾鉱毒とは何だ。バカヤロウ」

昭和四七年五月九日、太田市長田島宗仁ら代表一〇人は渡良瀬川鉱毒対策の要請書をかかえながら霞ヶ関の関係省庁や古河鉱業本社に陳情攻勢をかけた。建設大臣に陳情するため、まず建設政務次官藤尾正行（自民党、栃木県二区選出）に面会した。

藤尾は突然怒鳴《どな》りつけた。陳情団は事務所入り口で追い返されてしまった。市長田島をはじめ市議会代表らは怒りをあらわにした。

「一国の責任者のとるべき態度ではない。市長・議長名で正式に抗議をしよう。自治体無視もはなはだしい。しかも政務次官は被害地の栃木県選出ではないか！」

陳情は、毛里田地区の渡良瀬川カドミウム鉱害で、群馬県が汚染の原因は「足尾銅山の鉱山施設」と断定したことを受けて、地元被害地として市ぐるみで古河鉱業に抗議するとともに、政府でも早急に「加害者」を認めて欲しいと訴えるためのものだった。市長田島、同市議会議長相崎徳蔵のほか同議会渡良瀬川鉱毒特別委、鉱毒期成同盟会長板橋明治らが請願書を持って上京した。

一行は、丸ノ内の古河鉱業を手始めに、通産、農林、建設各省、環境庁（全て当時）を陳情して回り、原因者断定を求め、①土壌汚染法に銅を加え、足尾鉱毒が農作物に被害を与えない基準をつくって欲しい、②足尾銅山の鉱毒防止対策を積極的に進め、渡良瀬川に銅の基準を引下げて欲しいなどの要望書を手渡した。

建設大臣と建設政務次官に要請するため、衆議院議員会館四階の政務次官藤尾の事務室を訪れた。

「いまさら鉱毒とは何だ」

のっけから怒鳴り上げた。市長田島が一行の代表として名刺を出して挨拶し、市長、議長名の要請書を渡し読み上げようとした。

「君らの言うことは聞かなくてもわかっている」

藤尾は手にした要請書を読もうともせず机の上に放り出した。

「足尾鉱毒は江戸時代の三〇〇年前からのものだ。いまさら何だ。バカヤロウ。用がないなら、さっさと帰れ」

藤尾は顔を真っ赤にして怒鳴り続けた。陳情団の市議たちは為《な》すすべもなく追い返されてしまった。同夜、陳情から太田市に帰った市長田島らは怒りがおさまらないまま対応を協議した。

「腹にすえかねる。あまりにも非常識だ。責任者のとるべき態度ではない。正式に市長、議長名で抗議するため、臨時議会を開くことも考えよう」

会長板橋は語った。

「地方自治体の市長が手続きを踏んで、しかも長年の足尾鉱毒を根絶してもらおうと訴えているのに、のっけから邪魔者《じゃまもの》扱いされた。『バカヤロウ』などという暴言は大臣に次ぐ政府責任者の取るべき態度ではない。政府と古河鉱業の癒着《ゆちゃく》を感じさせる。まったく呆《あき》れた。政治の貧困そのものだ」

〝藤尾暴言〟は当日の夕方テレビニュースで全国に報道され全国的な批判の的《まと》となった。

## 中公審の現地視察

四七年五月二七日、中央公害審査委員会の委員長小沢文雄ら委員一行が太田市毛里田の足尾鉱毒被害地を初視察した。過去二〇年の鉱毒被害者の損害賠償調停申請を審理するため、渡良瀬川流域の被害地に足を運んだのである。

「足尾鉱毒の被害がどういうものであるかの実感を得た」

視察後委員長小沢は納得したような口調で述べた。

一行は、委員長小沢のほか五十嵐義明、田中康民両調停委員など七人であった。公平を期すため古河鉱業側からの出席を求め、同社専務西川次郎、保安環境管理部長今村太一郎ら三人が立会い、鉱毒同盟会長板橋らの案内で桐生市広沢町の渡良瀬川と待堰《まちぜき》用水の取水口から視察に入った。

被害地にある国、県の客土試験圃場《ほじょう》（実験用に細分化した水田）では被害農民三〇人が「足尾鉱毒断固撲滅」のノボリを立てて出迎えた。老農夫が委員長小沢に駆け寄り「よろしく頼みます」と両手をあわせた。

「鉱毒のため田植えの機械化もはかれない」、「苗代の苗が育たない」

農民は口々に訴えた。

委員長小沢は同行の事務官に被害を受けた麦と水口付近の土壌を採取させ、最後に栃木県側の三栗谷用水を視察した。同用水は渡良瀬川の水と地下浸透水を混ぜて使っているが、川藻《かわも》がはえ

公調委の現地視察（期成同盟会提供）

て透きとおっている浸透水と、鉱毒水などで濁って川藻が育たない川の水を見比べた委員長は「こんなに違うんですか」と驚きの声をあげた。

「基本的な事実を把握できた。足尾の山も見るつもりだ」。視察後に委員長は語った。

会長板橋明治は一行の案内後に記者団に述べた。

「見てもらってほっとした。鉱毒の実態を本当にわかってもらうのは大変だ。農民の声も、もっと直《じか》に聞いてもらいたかったが、今後は審査の場でよく説明し、企業の責任を追及していきたい」。「鉱害闘争は科学的立証を叫ぶだけでは勝利に結びつかないことも痛感する」

公調委への申請は、明治期以来の「公害第一号」が公の場で裁かれる提訴であり、足尾鉱毒事件が〝公害の原点〟とされてきただけに全国的な反響を呼びおこした。同盟会事務所を兼ねる会長板橋の自宅には群馬県内はもとより公害問題を抱える北九州市や四日市市などからも激励の手紙が届いた。中には「政府と企業の横暴に悲憤慷慨して自殺した学生の慰霊祭にぜひ慰霊文を」と伝えて来る未知の人もいた。会長板橋ら幹部は決意を新たにして思った。

「足尾鉱毒問題は被害農民ばかりでなく、全国の人たちをも暗い気持ちにさせてきた。今それがよくわかった」

### 環境庁などの現地調査

四七年六月一〇日、環境庁、建設省、農林省など政府関係七省庁（全て当時）も動き出した。政府関係機関の渡良瀬川の降雨時汚濁（「ニゴリ」）の現地調査が、群馬県側の渡良瀬川沿岸で行われた。午前一〇時から係員二二人が大間々町の高津戸《たかつど》から邑楽《おうら》郡の邑楽用水取入口まで約三〇キロの間、九カ所を調べた。その結果、高津戸地点を水資源開発公団（当時）、岡登《おかのぼり》堰（大間々町）、広沢堰、赤岩堰、待《まち》堰（以上桐生市）を群馬県、矢場堰（太田市）を農林省、三栗谷堰（足利市）を栃木県、足利市の中橋地点を建設省、邑楽町の邑楽用水取入口を農林省が、それぞれ責任を分担して、六月から九月の降雨期に少なくとも四回は採水と採泥を行い、銅、カドミウムのほか亜鉛、ヒ素、浮遊物質の含有状況を調べ流出経路を突き止めていくことになった。

この日の調査は、採水や採泥地点の確認だけとの簡単なものだったが、桐生市広沢町の待堰の取水口に到着した調査団は濁った水に驚いた。

「これだけの関係機関が協力して調査するには大きな意味がある。毛里田地区農民の渡良瀬川鉱毒損害賠償問題とは直接関連していないが、数値などは〝権威あるもの〟とするため、キメ細かく調査するつもりだ」

環境庁水質保全局の調査官林明男は語った。

## 政党の無理解

四七年六月一二日、太田市議会渡良瀬川鉱毒特別委の委員長山崎太一や委員板橋明治らは本会議で決議した「渡良瀬川鉱毒の陳情書」を持って東京の各政党本部を回った。自民党ばかりか野党各党も「明治時代の足尾鉱毒がまだあるのですか」と驚いた。地元群馬県と中央の政党本部の党活動のパイプが全然通じていないばかりか、政府与党の自民党は「党としては取り上げられない」とそっけない対応だった。「ぜひ国会の場で追及を」と訴えた特別委の委員たちも無関心ぶりには失望を隠せなかった。

陳情は先の建設政務次官藤尾正行の「いまさら足尾鉱毒事件とは何だ。バカヤロウ」の暴言問題で「この際各政党に足尾鉱毒の正しい認識を持ってもらおう」と議会で決めた。

「百年鉱害の渡良瀬川鉱害は、いまだに農作物の被害があとをたたず、四六年産米からは基準を越すカドミウムも見つかった。長年の鉱害に悩む農民の心情をくみとり、問題解決に努力して欲しい」。胸の張り裂けるような心底からの訴えであった。

自民党本部では責任者はだれも出てこなかった。政務調査会の若い参事が応対しただけだった。特別委は陳情の趣旨を説明し、党本部として取り上げて欲しいと、要請した。

「小さい問題はあちこちにあるが、党としてはいちいち取り上げない」と関心を示さず、「足尾鉱毒は小さな問題ではない。渡良瀬農民の死活にかかわる重大な問題だ」との強い訴えにも「党は政府機関を監督する立場であり、直接はタッチしていない」と逃げた。

社会党（当時、以下同じ）本部では公害追放本部長の代議士加藤清二と国民生活局長横山泰治が応対した。だが、「足尾鉱毒はまだあるのですか」と驚く有様だった。「国会で追及して欲しい」と訴えると「資料はありませんか」と全く逆に要請された。民社党、共産党も「明治時代の足尾鉱毒事件が……」と驚き、公明党は独自の調査を行っていたが、資料不足だった。

毛里田地区の麦作は、四七年も不作だった。鉱毒被害がはっきりあらわれていることが同盟会の調べでわかった。とくに、水口付近は丈《たけ》が極端に短く不完全粒がほとんどで、一〇アール当り二、三俵の減収は間違いなかった。同盟会では被害小麦のサンプルを中央公害審査委員会に提出した。

## 調停の経緯

四七年六月二九日、鉱毒根絶期成同盟会が、古河鉱業を相手取っておこした損害賠償請求の第二回調停が、総理府の中央公害審査委員会調停仲裁室で開かれた。

冒頭から「銅汚染による被害はない」とする会社側と、被害農民側が激しく対立した。温厚な委員長小沢が、あいまいな会社側答弁に業《ごう》を煮やし「基準さえ守れば被害が出ても責任はないというのか」と厳しく問い詰める場面もあった。

委員長小沢は「同盟会は二回にわけて調停申請をしているが、内容は同じなので併合調停をしたい」と提案し、両者とも了解した。

この日の争点は農民側が持ち込んだ小麦の見本をめぐって、鉱毒があるのかないのか、に集中した。農民側は、鉱毒被害田の小麦と、新田（客土した水田）と比べて成育差が六〇センチから二〇センチもあり、収穫量も他地区に比べて極端に少ないと主張した。さらに減収率は一〇アール当りで小麦一八〇キロ、米一二〇キロが見込まれると、賠償請求額の根拠を示した。

これに対し会社側は「県東部地区作物統計で見る限り、毛里田地区の昨年度の小麦収量は一〇アール当り三七八キロで、県平均の三六七キロを上回っている。それに小麦と米の減収量に差があり過ぎるのは納得できない」、「土壌中に一六〇〇〜二〇〇〇ppmもの銅があるというが、果たして減収とつながるのか、因果関係がはっきりしない」と反論した。

委員長小沢は「因果関係の立証は農民には無理だ。改めて専門家を呼んで調べる」と打ち切った。しかし、引き続き会社側に対し「減収はあるのか、ないのか」とたずねた。会社側は「万全の策を講じている」と逃げたため「銅などを流していないのか」と質《ただ》した。ここで会社側は「国の基準を守っている」と逆襲気味に対応した。小沢委員長はやや気色ばんで「行政上の基準を守っていれば被害が出ても責任はないと言うのか」と詰め寄った。会社側は「そうは言っていない」と述べた。だが補償問題については「これまで古河鉱業が補償してきたというが、事実を書類で提示して欲しい」との委員長要求には「問題が多いので差し控えたい」と拒否した。

## 公調委・委員長の足尾視察

四七年八月二一日、中央公害審査委員会の委員長小沢文雄ら調停委員一行が栃木県足尾町の古河鉱業会社足尾鉱業所を初めて視察した。同年五月の鉱毒被害地毛里田地区の現地視察に次ぐものである。

視察のため訪れたのは、委員長小沢ほか、調停委員の五十嵐義明、田中康民で、案内役は古河鉱業専務西川次郎、立会人として同盟会長板橋ら農民一八人と栃木県公害課職員らが加わった。午後一時から時折激しく降りつける雨の中、簀子《すのこ》、天狗沢、原など堆積場六カ所を約四時間にわたり見て回った。

「実際に山元を見なければ調停審理が進まないので今回の視察になったわけだが、大変参考になった。視察場所、視察時期などは委員長が独自に決めたもので会社側の要望とは無関係である」

委員長小沢はこう語った。同行記者団の質問に対しては「結果が出るまでは」との配慮から、慎重に言葉を選び主観を混えるのを避けた。

簀子堆積場では、鉱泥が太いパイプから流れ込む様子を見て、約一〇年間で貯まったという三万五〇〇〇立方メートルの泥の山を見上げ「このままではあと二、三〇年でこの谷も埋まってしまう」と説明する同盟会会長板橋に耳を傾けていた。

天狗沢堆積場は、視察に備えて堆積場内に貯まった〝鉱毒水〟が排水され、水位は下げられていた。堰堤《えんてい》の石垣から漏れる水は口に含むと舌先がしびれるほど

公調委・委員長の足尾現地調査

渋みが強い。鉱泥の貯まったところはまるで漆喰《しっくい》を塗りつぶしたようになっていた。過去に渡良瀬川に大量の鉱毒を流していた堆積場は今は工場が立てられ、外見では見分けがつかない。堆積場の石垣は数日前に漏水止めのセメントが塗られ、芝生が植えられ外見は整えてあった。

「小細工で調停委員の目をごまかそうとしている。われわれの目は節穴ではない」。同盟会側農民は会社側の対応ぶりを非難した。

会長板橋は同行記者団に語った。

「鉱毒源が白日の下にさらされることになったのは一歩前進だ。視察の行程はいささか表面的なので、調停委員の深い理解に期待している」

## 公調委・水稲の収量調査

四七年一〇月一八日、公害等調整委員会の委員長小沢文雄の一行は鉱毒被害地太田市毛里田地区の四七年産水稲の収量調査を行った。公調委事務局次長小熊鉄雄、農林省工業技術研究所物理統計部長松島省三ら三〇人によって調査が始められ、地元毛里田地区鉱害根絶期成同盟会、古河鉱業会社双方からそれぞれ六人が立会った。毛里田地区の水田一八カ所を選び、水口部から水尻部へ対角線上一〇カ所を坪刈《つぼが》りし、計八〇点の稲のサンプルを取り、さらに可溶性銅の含有量を分析するために同じ場所の土壌も採取した。

秋晴れにも恵まれ、稲刈りをしていた農民たちも作業の手を休め調査を見守った。

「今年は天候に恵まれ、平年作以上だが、この辺の田では一〇アール当り六俵取れれば良い方です」

手にした稲は背が低く、葉のところどころに黄色の斑点が出て、典型的な成育障害の症状を見せていた。

「調査は充分行なってもらいたいが、結果は自明の理です。調査結果が出次第英断をもった調停を期待しています」

同盟会会長板橋明治は同行記者たちに語った。

公調委の水稲調査（期成同盟会提供）

## 足尾銅山・閉山

昭和四七年一一月、渡良瀬川流域の関係自治体に重大ニュースが駆けめぐった。古河鉱業が「公害の原点」・栃木県足尾町の足尾銅山を四八年四月をメドに閉山する方針を固め、閉山に伴う

## "百年公害"の足尾銅山

# 来春閉山に踏切る

古河鉱業

## 「鉱量枯れたため」

### 批判かわすねらいも

古河鉱業（本社東京、清水長裕社長）はわが国の公害の原点といわれる足尾銅山（栃木県足尾町）を来年四月ごろをメドに閉山する方針を決め、閉山に伴う人員整理など合理化案を近く同社の足尾銅山労働組合（森以一委員長）に示して折衝にはいる。会社側によると、閉山の理由は鉱量が枯れたためといわれる。しかし、同社が古河財閥の発祥の地である足尾の閉山にあえて踏切った裏には、"百年公害"の汚名を持つ足尾を切ることによって公害企業に対する世間の風当りをそらそうというねらいもうかがわれる。

足尾公害の水源、渡良瀬川上流の三川合流ダム
＝栃木県足尾町で

### 近く合理化案提示

近く組合側に通告される合理化案は、足尾に拠点を置く同社の足尾製錬所（高松剛製錬所長）、足尾鉱業所（加藤俊夫所長）の約千百人の従業員のうち、鉱山部門に従事する約六百人を中心に約八百人（臨時労務者も含む）を、配置転換と希望退職によって整理しようとするもの。

配転先は、同社が足尾周辺に持っている精銅、圧延などの関係会社と、足尾閉山後に同社が進出する観光事業部門にあてる予定といわれる。ただし、足尾製錬所（従業員約三百人）は今後も輸入鉱石を使って操業を続ける。

足尾銅山は徳川幕府の二代将軍秀忠の時代、千六百十年に銅鉱脈が発見されたといわれ、徳川幕府の御用銅山が明治政府に引継がれたあと、明治十年から古河財閥の創始者である古河市兵衛に買取られ、明治末期から大正時代にかけては、約四万人の労務者が働き、わが国最大の産銅量を誇った。

しかし戦時中の乱掘がたたって最近では、月に約三千トン精錬される銅地金のうち、足尾銅山の鉱石からはわずかに四百トン前後に激減し、大半が輸入鉱石に頼っている。このため、採算上も足尾銅山の閉山は時間の問題、と非鉄金属業界のなかでは見られていた。

国内の非鉄鉱山は昨年末の円切上げによって、国際競争力を失った。この結果、わが国の財閥が力をつけるもとになったといわれる住友の別子銅山（愛媛県）、三菱の生野銅山（兵庫県、明治時代は主に銀山）など、昔の名山が次々と閉山、ついに足尾も続くことになった。

しかし、足尾は古河財閥発祥の地だというメンツと、同業他社に比べてボウリング機械の製造など"アルバイト"でのもうけでゆとりがあるところから、同社としても決心がのびのびになっていた。

それには公害問題もからんでいた。とくに足尾銅山を水源とする渡良瀬川流域の銅、カドミウム公害は"百年公害"ともいわれ、今年の春には群馬県側の農民から農作物被害補償の要求が出て、現在公害等調整委員会が調停中である。会社側では、足尾の閉山計画は、このような公害紛争とは全く無関係に進めたことといっているが、「原点」である銅山そのものから退却することによって、公害問題への批判のホコ先をそらそうというねらいがあったようだ。

足尾閉山を伝える記事（『朝日新聞』昭和47年11月1日より）

人員整理など合理化案を近く同社の足尾銅山労働組合（委員長森良一）に示して折衝に入る、というものであった。会社側では、閉山の理由は鉱脈が枯れたためだと説明した。会社が古河財閥の発祥の地である足尾閉山に踏み切った背景には、「百年鉱害」の汚名を持つ足尾を組織から切り離すことによって公害企業に対する世間の風当りをそらそうという狙いもうかがえた。

組合に通告される合理化案は、足尾に拠点を置く同社の足尾鉱業所と足尾製錬所の約一一〇〇人の従業員のうち、鉱山部門に従事する約六〇〇人を中心に約八〇〇人（臨時

閉山前の足尾銅山

足尾製錬所の酸素タンク（期成同盟会提供）

労働者も含む）を、配置転換と希望退職によって整理しようとする計画だった。ただし、足尾製錬所（従業員約三〇〇人）は輸入鉱石を使って操業を続けることにするという。

足尾銅山は明治末期から大正時代にかけて、約四万人の労働者が働き、日本国最大の産銅量を記録した。だが戦時中の乱掘がたたって大幅に減少し大半が輸入鉱石に頼っていた。採算上も足尾銅山の閉山は時間の問題、と非鉄金属業界の中では見られていた。

国内の非鉄鉱山は前年末の円切り上げによって、国際競争力を失った。この結果、戦前日本の旧財閥が力をつけるもとになった住友の別子銅山（愛媛県）、三菱の生野銅山（兵庫県、明治時代には主に銅山）など、代表的銅山が相次いで閉山し足尾銅山も続くことになった。

足尾銅山を水源とする渡良瀬川流域の銅、カドミウム公害は「百年鉱害」といわれ、公害等調整委員会が調停中であった。会社側では、足尾の閉山計画は鉱害紛争とは全く無関係に進めたことであると説明した。

## 企業責任は三二パーセント

四八年一月二六日、足尾鉱毒事件をめぐる第七回調停が総理府の公害等調整委員会で開かれた。古河鉱業側は「銅による被害があるとすれば、会社の責任は三二パーセントに過ぎない」と主張した。根拠不明なまわりくどい表現だが、前年五月二〇日の第一回調停以来、古河鉱業が鉱害を認めたのは初めてである。これによって調停の焦点は今までの鉱害の有無をめぐる論争から「鉱害の程度」へと行路を大きく転換することになった。

この日は、調停を申請した農民側から鉱毒根絶期成同盟会会長板橋明治ら五人が、会社側からは古河鉱業常務西川次郎ら五人が出席した。まず古河側が出した「第二回補充意見書」について審理が進められた。その中で古河は鉱害責任に関して重大な発言をした。

「銅による農作物の被害の影響があるとすれば、農民側が主張するように、銅による生産障害の六八パーセント全部が会社の責任ではない。三二パーセントが鉱山のためで、残りは自然に存在する銅のせいである」

第一回調停以来、「銅山のために農作物の被害が出たとは考えられない」として、農民側と対立してきたことを考えれば、公調委という国の機関で、古河鉱業は初めて公式に鉱毒を認める発言をしたことになる。一大転換点であった。

農民側は、古河鉱業の歯切れの悪さと被害の程度を低く見積もったことに反発し、会社側発言に対する反論書を提出して、「すべての農作物被害は古河側にある」と主張した。古河鉱業が主張している自然害の流出源である赤城山は、前年八月の群馬県調査で関係がないことが明らかにされており、同時に会社は当時の文書によれば「防止事業は不生産的事業だ」として、積極的に努力しなかったと反証した。

## 被害農家の主婦が出席

太田市毛里田地区の農民九七〇人から古河鉱業会社を相手取って出されている損害賠償請求の調停も最終局面に入った。四八年三月九日午前、公調委事務局で八回目の調停が行われた。申請人代表として初めて三人の農家主婦が参加した。農民側の要求を公調委委員長小沢が認めたのである。それまで七回の調停では、申請人代表として農民五人ずつが出席していたが、主婦から「実際に調停作業を見たい」という声が上げられ、同市東泉、野口与志（六一歳）、同市丸山、市川一枝（五〇歳）、同市落内、岡田利江（四五歳）の三人が出席した。

この日朝午前七時半、東武線太田駅発の上り電車に乗るとすぐ鉱害根絶期成同盟会会長板橋明治から調停に提出される会社側への反論書の写しが配られた。主婦三人は会長板橋の説明に大きくうなずいた。

「これまで調停の話は、同盟会の人たちから聞いていたが、一番生活に密着しているわれわれ主婦の声が出ていないので機会があればと以前から頼んでいた」

地元婦人会会長である野口は語った。地元小学校のPTA役員の市川は夫婦で四五アールの水田を耕作しているが、すべてが鉱毒に犯された汚染田で高濃度のカドミウムが検出され「せっかく丹精しても汚染米といわれ、ノリに加工されるかと思うとなさけなくなる」と嘆く。

岡田の家では水田をあきらめ一・二ヘクタールに牧草を植え、一五頭の乳牛を飼っているが、上質の牧草は育たない。

調停では申請人本人ではなく、その家族ということで特に彼女たちは発言を許されなかった。調停終了後三人は「百聞は一見にしかず。古河側は鉱毒におかされた私たちの生活がまるでわかっていないようだ。今後許されるならば女性の立場から鉱毒について意見を述べたい」と会社側への怒りをあらわにした。

調停では、前年秋、公調委が行った小麦、水稲、土壌の調査結果が発表された。小麦の坪刈りによる収量では、水口部と水尻部の差が四倍から六倍も違っており、一番ひどい所では水口で六八グラム、水尻では五四一グラムと収量に差があった。水稲の場合も同様で収量で二倍以上の差が出ていた。土壌中の銅濃度は水口が四二九ppm、水尻では九四ppmと収量に比例していた。

公調委委員長小沢は「明らかに銅汚染による影響がある」と述べた。古河側は「毛里田地区の収量は、付近の水田に比べて特に低いものではなく、銅山の影響とはいちがいに言えない」と調査結果を反論した。

調停終了間際に、公調委から「約四〇億円損害請求額では、古河鉱業側の支払い能力を考えても両者に歩み寄りがなければこの調停は不調に終わることもありうる」という意味の申し入れがあった。農民側は「被害を事実通り請求しているので歩み寄りや妥協は考えていない」と答えた。

公調委の申し入れは、賠償額の内容で平行線のままの状況に双方からの歩み寄りによって問題の早期解決を促したものと受け取れた。調停が終局に向かうと板橋は委員長小沢からたびたび非公式の召集を受け東京へ出向いた。そんな時、板橋はマスコミの取材攻勢を避けるため東武線太田駅に向かわず足利市駅からこっそりと上りの浅草行きの電車に乗った。

足尾銅山の廃止が正式に決った。古河鉱業株式会社の足尾事業所は鉱山部門を昭和四八年二月廃止した。足尾町の沢という沢に多くの堆積場を残したまま……。

# 第六章　古河鉱業の『敗訴』

「山が動いた日だった。権威や政治力に頼らない毛里田地区農民の独自の戦いが百年の分厚い壁をぶち抜いたのだ」

（会長板橋明治、インタビューに答えて）

「強大な資本を持つ古河鉱業に農民たちは生活権を奪われた。同時に財産権の侵害でもあった」

（同氏、「講演」より）

## 〝百年鉱害〟の決着

四九年（一九七四）五月一〇日、政府の公害等調整委員会は第一三回目の会合を総理府二階の調停室で開いた。委員長小沢文雄は被害者側の太田市毛里田地区鉱毒根絶期成同盟会長板橋明治、加害者側の古河鉱業社長清水兵治と双方の代表たちを招き調停案を示した。被害農民側は板橋と常任委員の傍聴立会人五人が出席し、加害者側は清水の他常務西川、取締役部長、課長らが出席した。両者は左右に座し、対する正面に委員長小沢が座った。

「古河鉱業は被害者側に補償金一五億五〇〇〇万円を支払う。このうち七億八五〇〇万円を一カ月以内に、残り七億六五〇〇万円を昭和五〇年二月五日までに支払う」

農民側は受諾の即答を避け、調停案を地元に持ち帰り農民集会を開いた上で受け入れを討議すると伝えた。会社側も「誠意を持って検討する」と答えた。この日の調停で事実上の合意に達したのである。

記者会見に臨む会長板橋（左）、古河鉱業社長清水（右）（期成同盟会提供）

調停案の内容は補償金のほか、①古河鉱業は足尾事業所の全施設から重金属などを渡良瀬川に流入させないように努める、②古河鉱業、被害農民同盟双方は土地改良事業の早期実現をはかるため関係機関に協力する、③古河鉱業は今後公害防止のため群馬県、太田市と公害防止協定を結ぶ、となっていた。

補償額が被害者側の要求とかけ離れたのは、公調委の被害額の算定基準が被害者側の見積もりより大幅に下回ったためだった。被害者の算定では、足尾鉱山から流出した銅を含む鉱滓《こうさい》が水田に流れ込むことによって一〇アール当り米で一二〇キロ、麦で一八〇キロが減収になり、それに鉱毒を中和する土地改良材、管理費、慰謝料などを合わせ年間一〇アール当り計四万一三九四円と計算した。

これに対し、調停では算定基準を示さず、総額で半分以下とした。その他の調停項目では、被害者側の請求はほぼ全面的に認められた。被害者側は「これ以上古河鉱業に補償額を積み上げさせるのは困難」との判断に立ち、調停案の受諾に傾いた。昭和四七年三月、会長板橋ら一〇八人が調停を申請したのをはじめ昨年六月の第四次の申請者を含め総数九七一人にのぼった。被害状況の資料が整っている過去二〇年間に限り、鉱毒汚染田四六八ヘクタール分の計三八億七七八五万六一五〇円の損害賠償を請求していた。前年六月の一〇回目の調停作業で双方の意見が出尽くし、調停案の提示を待つばかりとなっていた。

「足尾鉱毒によって農作物に被害が出たとは思わない」。

農民からの請求を突っぱねてきた古河鉱業も調停作業が進むにつれて、鉱害を糾弾する世論を無視できず損害賠償に応ずる方へ態度を変えた。しかし、古河鉱業が主張する被害補償額と被害者側の要求額との差があまりにも開きすぎた他、将来の補償などをめぐって双方の意見が大きく食い違ったことから、調停作業は最終局面で難航した。

調停案提示で、足尾鉱毒事件のうち銅による被害については解決の道が開かれた。この他、カドミウム汚染、土地改良事業など多くの問題が山積みされたままになっていて、被害農民たちは調停案提示を足尾鉱毒解決の第一歩と受け止めた。

## 損害賠償金の重要性

調停の最大の意義は、明治期以来の足尾鉱毒事件史のうえで、加害企業と被害農民との間に初めて損害賠償金の支払いの結論が出たことである。これまでにも古河鉱業は、農民側に対し「寄付金」や「見舞金」の名目で金を支払ったことはあるが、鉱毒事件に対する自社の責任を認めて「損害補償金」を支払うことは拒否し続けてきた。調停でも冒頭にから「当社は鉱害に責任はない」と主張して来た。

渡良瀬川流域の鉱毒による農業被害は誰の目にも明白だった。にもかかわらず、企業が加害責任を認めるまでには、これほど長い歳月を要した。戦前の「富国強兵」、戦後の「経済成長」の国策のもとに政府と企業の密着した関係が一貫して続いてきたからだ。明治一〇年、古河市兵衛が足尾鉱山の経営を引き受けると、翌年には早くも渡良瀬川で魚が死ぬ事件が起こっている。その後も、沿岸では鉱毒被害が発生し続けていた。政府がこの川の水質基準を決定したのは昭和四三年になってからで、実に八〇年を越える国の無策が続いたわけだ。

渡良瀬川流域の農民の惨状は調停が起こされるまで、国からも見離されていた。調停の意義は、公害等調整委員会が、きびしく対立する企業と農民の間に立って、設立当初期待された「公害裁判所」的な役割を果たしたことだ。裁判を起こすには賃金も乏しく証拠収集能力も弱い公害被害者に対し、簡易迅速に国の責任で調停を行い救済の道を開くというのが公調委設立の目的だが、この調停は四七年三月申請以来二年二カ月で決着した。四大公害裁判がいずれも判決までに四年から五年かかっているのと比べた場合、明らかに迅速な審理だった。

足尾鉱害は銅汚染だけでなく、カドミウムやヒ素汚染も問題になっていた。調停結果をバネに農民側がどのような運動を展開するか、そこに足尾鉱毒事件の行方がかかっていた。

## 山が動いた――同盟会会長の孤独な闘い

「あんなデッカイ会社の古河を相手に何が出来るものか」

毛里田地区の運動の過去の実態を知っている傍観者たちは例外なくそう信じていた。同時に一〇〇〇人もの農民を、被害補償を勝ち取るまで引っ張って行ける指導者を誰がこなせるか、と被害農民自身も不安に思った。

「勝訴」に至るまで太田市毛里田地区鉱毒根絶期成同盟会を導いたのは、当時五三歳の会長板橋明治である。彼の見識と人柄がすべてであったとも言える。板橋は戦地から復員した後、二ヘクタール余の農地を耕し、夫人茂子との間に一男二女をもうけた。昭和二七年、毛里田村議会議員に初当選すると同時に食糧増産が日本中の最大の目標となり、一〇アール当り五表しか収穫できない村の田は足尾銅山からの鉱毒水が原因だとして根絶運動に立ち上がった。

「これまで二〇年間というもの、特に同盟会会長になってからの一〇年余は農地はいっさい妻まかせです。草取り、脱穀、お蚕さん（注＝養蚕）と妻には苦労させせました」

一〇〇〇人の被害農民が板橋に望みと期待をかけた。毛里田村が太田市に合併されるとそれまで全村最大の行政の課題が太田市行政の中の一部に「格下げ」され、毛里田農協が太田市農協に合併されると、農協の唯一最大の闘争課題だった鉱毒事件は太田市農協の問題の一部に等閑視されようとした。薄まる関心とは逆に鉱毒は濃くなる一方だった。

「太田市議になって公害を口にすると『またppmか』と陰口をたたく人がいた。県も市も積極的には力を貸してくれなかった。そればかりか、公表データも教えてもらえないことすらあった。農民からはガン張ってくれ、と頼られ、公共の場では見えない壁に突き当り、夜中など腹ワタが煮え繰り返って眠れない日もあった」

ねばり、闘魂、公害関係の法律の勉強……、これといった頼れる先達や支援組織もなく、ただ黙々と闘いを進めた。

調停が大詰めを迎えた頃、会長板橋は人に会うたびに質問された。

「古河鉱業がいくらカネを出せば毛里田は妥協するのか」

「『金額が問題ではない』と言い切ってしまえばウソになる。だが私達が一番大事に考えてきたのは、古河という鉱山が一〇〇年にわたって清くあるべき渡良瀬川に毒を流し、それが原因で私らの稲の出来が悪くなったのだという加害者と被害者の関係だ。そして公調委という国の機関がそれを証明してくれるかどうかという点にある。だから、この因果関係をはっきりさせてくれれば、金額はおのずからはじき出されると考えてきた」

彼はこう答えるのを常とした。その回答が出されたのである。（調停が進むにつれて板橋は食欲がなくなり体重が減っていった。徹夜や眠れない日も続いた。ミカンのジュースだけを飲み下していた時もあった）。

毛里田に鉱毒根絶運動が起こったのは板橋が毛里田村村議になった昭和二七年だった。三三年になって同盟会が結成され三七年会長に板橋が就いた。それ以来、鉱毒被害を一切認めない足尾銅山に「これがその被害だ」と立ち枯れた稲を持ち込んでは「鉱毒水を流すな」と闘ってきた。板橋の会長職も一〇年を超した。

根絶運動を知って現地を視察した学者や研究者は多いが、だれも驚くのが被害農民一〇〇〇人のほかには何の支援団体もないことだった。

「支援を申し出てくれた団体もたくさんありましたが、こちらに人手がなく組織もしっかりしていなかったので応援を受け入れる態勢も取れず、今日まで来てしまいました。一〇アール当り五俵しかとれない被害水田が自分たちの村にあるという現実だけが唯一の運動の原動力でした」

板橋はこうふり返る。農地一〇アールについて三〇円、五〇円、最後には一〇〇円と値上げされた会員の会費を積極的に出してくれた被害農民のねばりが会長たち同盟会幹部を励まし勇気づけた。

## 賠償金一五億五〇〇〇万円が意味するもの

昭和四九年五月一一日調停が成立し調印した。申請人は板橋明治、中野幸郎、岩下一郎、島崎進、馬場朝光他九六七人、被申請人は古河鉱業代表取締役社長清水兵治であった。調停の骨子は以下の通りである。

一、古河鉱業は、足尾銅山から渡良瀬川に排出された銅その他の重金属・スライム等に起因して毛里田地区農民に損害を与えたことを認め、同地区内で生じた農作物の減収、鉱毒対策費用の負担、農業近代化の遅延に関する過去・現在及び今後の客土等の事業が完了するまでの期間における被害に対する補償として、一括して金一五億五〇〇〇万円を支払うこと。

視察者に鉱毒被害を解説する馬場朝光（期成同盟会提供）

二、損害賠償金のうち、七億八五〇〇万円は同四九年六月一一日限り、残余の七億六五〇〇万円は五〇年二月五日限り、指定の金融機関口座に振り込むこと。
三、損害賠償金の配分は、申請人らの責任で処理すること。
四、古河鉱業は、有越沢《ありこし》・天狗沢堆積場その他の足尾事業所施設からの重金属等の渡良瀬川への流出を防止するための施設の改善、整備に務めるなど、最前の努力を尽くすものとすること。
五、当事者双方は、渡良瀬川流域の「農用地の土壌の汚染防止等に関する法律」に基づく農用地土壌汚染対策計画の実施について、関係行政機関・地方公共団体に協力し、その早期実現を図るものとすること。
六、古河鉱業は、同盟会らの公害防止協定締結の希望を斟酌《しんしゃく》し、将来における足尾事業所施設に起因する鉱害の発生を予防するため、速やかに群馬県及び太田市との間に公害防止協定を締結するよう務めること。
七、本件被害土地についての前述の期間・内容の被害については本調停により一切解決したことを確認し、調停条項の円滑な実施に協力するものとする。ただし、将来堆積場の決壊やその他の以上な事故により予期しない被害を生じた時は、当事者双方が協議の上、別途円満な解決を図ること。

八、この調停に要した費用は各自の負担とすること。

約一〇〇年に及ぶ鉱害事件は、会長板橋をはじめ被害農民の血のにじむような苦闘の末に、「農民勝訴」の終止符が打たれた。加害者の足尾銅山は閉山に追い込まれ、操業停止が実現して江戸期以降四〇〇年の鉱山の歴史を閉じた。

## 会長板橋の調停中の「メモ書き」より

会長板橋が調停期間中に記した『板橋メモ』から主要な記述を原文のまま引用したい。

①補償対象の期間は申請人らの主張する昭和二七年から四六年にとどまらず、全期間とし、土地改良が終了するまでとした。

②農作被害補償金については、これより非課税となった。農作被害が健康被害と同じ扱いになったことは、文化国家の表れである。よいことである。

③銅汚染による減収に関して、土壌中銅濃度の一二五ppmには反論したが、受け入れられなかったのはやむを得ない。

④企業と行政との公害防止協定を義務付けたが、その結果山元調査監視が半永久的に行われ、

水質保全が積極的に推進されることとなった。よしとしたい。
⑤同盟会の足尾銅山施設の立ち入り監視、調査は従来どおりとし、条項に書かないが、知事が保証することとなった。
⑥古河鉱業は有越、天狗沢堆積場その他の事業所施設からの重金属などの渡良瀬川への流出を防止するため、施設の改善整備に努めるなど最善の努力を尽くすものとする。
⑦会社・農民の双方は渡良瀬川流域における「農用地の土壌の汚染防止などに関する法律」に基づく対策計画の実施について、関係地方公共団体に協力し早期実現を計るものとすること。
⑧隣接地の桐生、韮川《にらかわ》地区などの公害補償の道を開けたこと。よいことである。
⑨不法行為による損害賠償の請求期間は、提訴した当初は、鉱業法一一五条に基づいて二〇年を主張していたが、結果的にはそれ以前と以後、すなわち土地改良完了時までが付け加わった。これは調停を通じての大きな前進であり成果である。
⑩調停が短時日に成立したのは、他の裁判などには見られぬところであり、公調委の努力に感謝する。

## 補償額・要求の半分以下

足尾鉱毒事件の調停は、古河鉱業足尾事業所から渡良瀬川に垂れ流される可溶性銅により太田市毛里田地区内の水田に被害があることをはっきりと認めた。だが農民の請求した約三九億円の賠償に対しては、民法上の消滅時効の成立を考慮して一五億五〇〇〇万円と半分以下に押さえ込んだ。

補償額は、①農作物減収、②鉱毒防止対策費用の負担、③農業近代化遅延の賠償、という三つの柱で成り立っている。しかし、農民側の要求した年間を通じ一〇アール当り米麦減収二万八六二八円、中和剤一三二〇円、水管理費九二四六円、慰謝料二二〇〇円、合計四一三九四円がどの項目でどの程度削られたかは明らかにされていない。

また、補償期限も漠然と過去を含め土地改良事業が完了する将来まで、としている。農民側が主張した、明治時代まで過去約八〇年にさかのぼる補償要求と大幅に食い違い、請求した資料のはっきりしている過去二〇年間分の請求は結局認められず、従ってさらにさかのぼる補償請求の道は断たれた。

公調委では一五億円五〇〇〇万円の算定根拠にはいっさい触れていない。農民側の補償要求にどの程度の正当性があったかは不明のままにされた。農作物被害補償という前例のない訴えに公調委が独自の判断を下すとみられていた。それだけに、民法の和解調停の条文を引用した抽象的な調停理由の説明には会長板橋ら農民側も「われわれの主張がいれられたのかどうかはっきりしない」と納得し難いとするコメントを発表した。『全面勝訴』は勝ち取れなかったのである。。

しかしながら明治・大正・昭和と三時代に及ぶ足尾銅山の鉱害事件に対して、政府の調停機関が初めて古河鉱業側に過失があることを明らかにし、その責任を認めさせ、さらには被害農民に補償させたことは歴史に残るエポック・メーキングな調停であった。

## 桐生地区の和解成立

期成同盟会が「勝訴」した四九年一一月一八日、桐生市農協が中心となって桐生地区鉱毒対策委員会が設立され、農協理事長中島喜代美が会長に就任した。委員会では組織を挙《あ》げて古河鉱業と「過去、現在に至る鉱毒に基因する農業上の損害補償に関して」要望し交渉を行った。その結果翌五〇年一一月一八日調印式が古河鉱業本社で行われ、交渉からわずか一年でスピード和解が成立した。期成同盟会の「勝訴」が大きく影響したことは言うまでもない。

「古河鉱業株式会社は足尾事業所の施設から排出された銅その他一切の重金属、スライムなどの全物資が起因して、群馬県桐生市地区内に農業損害の生じたことを認め、同地区内について生じた農作物減収、鉱毒防止対策費用などの負担に関する過去、現在及び将来、『農用地の土壌の汚染防止等に関する法律』に基づく農用地土壌汚染対策計画による客土事業が実施完了されるまでの全期間の被害に対する一切の打ち切り補償として、農民側に対し事務費金一〇〇〇万円也を含め、一括して金二億三五〇〇万円也を支払う(「和解文」。以下略)」

訴えた農民は会長中島他四四四人に上った。

## 祈念鉱毒根絶の碑・建立

昭和五二年(一九七七)五月、毛里田地区の国道五〇号と同一二二号の交差点近くの只上《ただかり》に、一〇〇〇平方メートルの土地を確保して「祈念、鉱毒根絶」の碑が建立され記念公園が造成された。南アフリカ共和国産黒みかげ石で、三・五メートルの主碑を建て、袖碑と土台で「土」字をかたどっている。土木費・建碑費の合計一九〇〇万円であった。

この重量感あふれる見上げるような主碑には、表に「祈念　鉱毒根絶」、裏に「苦悩継《つた》ふまじされど史実は伝ふべし　受難一〇〇年また還らず　根絶の日ぞ何時《いつ》」のことばが、板橋明治の撰文・直筆で刻まれている。袖碑には日本の公害の原点の意義、鉱毒との闘いの歴史と苦しみ、根絶こそ今後の課題であることなどが四一一五文字の長文で書かれ、裏面には調停申請者九七一人の自著した氏名が大字《おおあざ》ごとに分けて刻まれている。（注＝【付録二】参照）。

「この碑と広場は鉱毒の根絶を期するとともに全国の鉱害をなくし、また起こさせない運動の聖地としたい」

記念碑建設委員長坂本光三郎は語った。（『建碑誌』）

会長板橋はも記念碑建立の意義をコメントしている。

「経済大国の都市化と厳しい農業政策の中で鉱毒問題は風化し、父祖三代、四代の苦しみは忘れ去られようとしている。この碑は、さらに裏面に刻した詩と共に、大勢の被害者

第31回渡良瀬川鉱害シンポジウムで鉱毒根絶祈念碑を訪れる参加者（平成15年8月24日）

の署名は歴史的な苦闘の証明である。田中正造の『救現』の精神と事業を受け継いだ余光を謝しつつ、筆者が詩《うた》い、撰文し、揮毫《きごう》した鉱毒根絶への請文である」。(『季刊　群馬評論　冬』一九九一年)。板橋は五六歳だった。

## 公害防止協定

昭和五一年(一九七六)七月三日、群馬県知事神田坤六、桐生市長小山利雄、太田市長戸沢久夫、古河鉱業株式会社社長清水兵治の四者は、「公害防止協定」を結んだ。「協定」の主旨は、渡良瀬川の水質と流域住民の生活環境を保全し、公害を未然に防止するため、相互に協力して公害防止対策の措置を講じ、事業所による公害防止を徹底することにあった。

「協定」の主な内容は「四者は互いに信義・誠実をもって履行すること、鉱山には鉱害防止組織を整備して細心の注意をもって管理し、鉱排水・排ガス処理等の施設の整備、水質汚濁防止対策、廃棄物処理・水質測定の義務化、苦情解決への努力、山元の環境美化や関連企業の監督・立ち入り調査の受け入れ、公害防止のための調査や測定への協力などが義務づけられた」ことにあった。この年、期成同盟会が企画したドキュメント映画『鉱毒』が製作され、桐生、足利、佐野、館林、栃木、前橋など群馬・栃木両県の主要な市で上映され好評を博した。

五三年（一九七八）六月一五日には、「協定」を実施するために必要な事項が、上記四者により七箇条の協定細目書として締結された。この中で、水質汚濁防止策として、銅山排水口での坑廃水の物質別許容限度が具体的に明示されたことは高く評価できる判断だった。（坑廃水の物質別許容限度の具体的数値：「水素イオン濃度＝五・八以上八・六以下。銅含有量＝〇・九一ミリグラム／リットル。亜鉛含有量＝三・五ミリグラム／リットル。鉛及びその化合物＝〇・七ミリグラム／リットル。カドミウム及びその化合物＝〇・〇七ミリグラム／リットル。ヒ素及びその化合物＝〇・三五ミリグラム／リットル」。）

## 草木ダム完成と水質浄化

昭和五一年（一九七六）三月に水資源開発公団（当時）の草木《くさき》ダム（重力式多目的ダム）が渡良瀬川上流（群馬県勢多郡東村）に完成した。同ダムは足尾鉱山からの鉱毒水をシャットアウトするため半円筒形多段ローラー（表面取水ゲート）を採用した。その後の水質調査で、ダム下流部で鉱毒水に含まれる銅濃度が減少し始め、太田市公害課や鉱害根絶期成同盟会などではダムの沈澱効果があったと評価した。草木ダム完成により渡良瀬川の水害の軽減も期待された。昭和五五年度からは、群馬県の公害防除特別土地改良事業が開始された。

草木ダム全景（渡良瀬川河川事務所提供）

# 第七章　土地改良事業始まる

「公害闘争はイデオロギーやアジテーションだけでは解決しない。むしろイデオロギーが運動の妨げになることも少なくない」

（会長板橋明治、インタビューに答えて）

「二十年ごとに鉱毒汚染地の土地改良をしていては農業はとてもできない」

（同　右）

## 加害企業・五一パーセントだけを負担

「公害防止事業四三億四〇〇〇万円のうち、原因者の古河鉱業が五一パーセントを負担する」。

昭和五五年（一九八〇）八月一六日、古河鉱業による渡良瀬川汚染の土地改良事業の費用負担について協議する群馬県公害対策審議会（会長長瀬勇）が開かれた。毛里田地区農民から出された算定根拠を不満とする意見書について「算定は正当」として退けた上で、委員から出された「早期着工」などの要望事項を加え、県の諮問《しもん》案通り答申した。県は費用負担が決ったことで、年度内に土地改良事業に取組むことになった。

土地改良を中核とする渡良瀬川流域の鉱害防止事業の費用負担は、同年八月七日に審議会で答申される予定だった。だが、期成同盟会会長板橋明治が「意見書」を提出し、この検討のため延期された。「意見書」については、同審議会の会長、副会長、費用負担部会の合同会議で検討され、意見書の「古河操業以前には鉱害は発生していないから、古河以前の汚染寄与を換算した費用負担計画は疑問である」との批判に対しては「土壌内に蓄積された有害物質から算定するため、古河以前の蓄積も算定せざるをえない」などと、これを退ける「検討結果」をまとめ審議会は了承した。この結果、県の諮問案通り答申することになったが、委員から要望や質問が示されたため、これを要望事項として追加することになった。

要望事項は、①事業計画や費用負担計画を住民によく理解させるとともに早急に事業に着工する、②現在も汚染が続いているため約三〇年後には再び土地改良が必要な汚染濃度に達することが予想されるが、この時点の改良事業は今度の算定とは別に汚染の実態に即して考える、という内容だ。

鉱害防止事業についての計画案はこの年五月に答申されており、県は費用負担計画の答申を受けて、両計画の決定を早急に行ない、土地改良の測量など予備作業は年度内にも手をつけ、次年度からは本格的な事業に入った。

答申された費用負担計画では、江戸時代の汚染などを除いた古河鉱業の汚染寄与率を六八パーセントとし、これに自然科学的な方法による減額分をふまえ四分の三をかけたものを古河鉱業の負担とした。古河鉱業は全体の五一パーセント、二二億一三〇〇万円を負担することになった。残りの四九パーセント分については、三分の二を国、三〇パーセントを群馬県、三・三パーセントを桐生、太田両市がそれぞれ負担した。

渡良瀬川流域の汚染農土を改良する鉱害防止事業の費用負担割合が、答申で決まった。原因者の古河鉱業の負担率を五一パーセントとしたことは、過去の鉱害の惨状からみて流域の被害住民にはとても承服し難い数字であった。同時に四九パーセント分の公的資金（税金）が使われることについて群馬県民にも納得し難い思いを残した。

答申案が踏襲した県の諮問案は、負担割合に足尾銅山の粗銅生産量を根拠としたもので、江戸初期・慶長一五年（一六一〇）以来の生産量に対して、明治の古河操業以来の生産量の割合を八七・七パーセントとし、これに汚染原因となりにくい輸入鉱や他山鉱分を減じて古河分六八パーセントをはじき出した。農民は「古河負担分五一パーセント」という数字と、「古河分の汚染寄与率六八パーセント」には、強い疑問を感じざるを得なかった。半分より一パーセント多いという数字は、加害者が古河鉱業だ、ということを最低限のところで表現したともとれ「苦肉の策」とうつった。

古河分六八パーセント以外の三二パーセントについて、県は「理論上は古河以前の汚染」としたが、洪水や大雨で古い鉱毒物質が流れ出し、新しい鉱毒が蓄積している渡良瀬川汚染の実態を考えれば率直に理解できる数字ではなかった。

桐生市は市議会の水質調査特別委に結果を報告したが、市と市議会は、古河鉱業の鉱害防止対策は不十分であるとして、政府の監督官庁に徹底した対策をとるよう要請する一方、同協定に基づく細目協定の見直しの際、古河鉱業の強い反対で見送りになった「オットセイ岩」（渡良瀬川上流の奇岩）に環境基準の設定を求めていくことになった。

## 水質測定条件を厳しく

昭和五六年（一九八一）六月一〇日、渡良瀬川の鉱害防止協定細目書の見直しをめぐる群馬県、桐生市、太田市と古河鉱業会社との大詰めの四者協議が前橋市産業会館で開かれ、降雨時及び平常時の環境水質測定地点二カ所を新たに追加した。降雨時における水質測定条件を厳しくするとともに、古河鉱業が行っていた鉱害防止事業（足尾の山元対策）についての状況報告を実態に即したものに改めることで合意に達し、見直し作業を開始した二年前以来、一年半ぶりにようやく調印の運びとなった。

これに関連して、渡良瀬川上流の「オットセイ岩」の環境水質確保に古河鉱業が万全を期すなどを内容とする確認書も四者間で交わすことを決め、細目協定とともに持ち回りで調印することになった。この頃板橋は『鉱毒史』を編集・発刊することを発案した。妻茂子は山と積まれた資料の保存のためワープロを独習した。

## 堆積場対策と水質浄化

昭和五六年九月七日、渡良瀬川の水質浄化を進めていた群馬県と桐生、太田両市は、県内に豪雨をもたらした台風一五号の影響を調査し採水結果を発表した。古河鉱業の鉱害防止対策の推進によって五四年の台風二〇号の時に比べ同川の水質は総体的には浄化の傾向にあったが、足尾町の中才浄水場で、水質汚濁防止法の排水基準値の二倍、鉱害防止協定値を約三倍も上回る銅が検出された他、鉱害防止対策が終った四つの堆積場から高濃度の銅が出ていることが明らかになった。

足尾町にある古河鉱業の鉱滓堆積場などによる渡良瀬川の重金属汚染問題で昭和五七年一一月一九日、群馬県、太田市、桐生市と古河鉱業の四者協議会が足利市民会館で開かれた。席上、古河鉱業側は一〇年計画（四八年度〜五七年度）で進めてきた山元対策について、九月末現在の工事の進み具合を定期報告し、「残っている四つの堆積場の対策を最終年度に当たる来年三月末までに完了することは不可能になった」と陳謝した。その上で、期限延長を内容とする計画の変更を申し出、「年内に早急に詰めて事前に相談したい」と伝えた。県市三者は、変更計画を見てから対応を決めることを申し合わせた。

## 足尾に水力発電所建設

栃木県企業局（局長久留健司）が渡良瀬川上流に建設を計画していた足尾発電所（最大出力一万キロワット）が、五七年九月中にも着工される見通しとなった。渡良瀬川鉱毒根絶毛里田期成同盟会は九月二日、「強行着工は許されない。建設にはあくまで反対を続け、実力行使も辞さない」との態度を鮮明に打ち出した。会長板橋はこの水力発電所の建設について、①第二次被害が心配され、鉱毒の根絶にはつながらない、②一万キロワットの小さなものに約一〇〇億円を投じるのは国費のムダ遣いであるなどの理由をあげ、同発電所建設に反対し陳情や請願などを通じて反対を続けていくことにした。

足尾発電所は、昭和五〇年三月、政府の電源開発調整審議会で計画事業案が承認され、事業費約三五億円が予算化された。

会長板橋明治は記者団に語った。

「古河鉱業の鉱毒鉱害を第一とすれば、発電所建設によって第二次公害が発生する心配がある。被害補償といっても具体的なものはひとつもない。毛里田地区の銅による汚染田約三六〇ヘクタールのうち、約一〇パーセントがカドミウム汚染田であることを群馬県は古河鉱業が原因者であると認めている。栃木県や通産省が認めていないのはおかしい。因果関係をはっきりさせ、具体的な対応策が納得できる形で示されなければ、反対運動は続けざるを得ない」

栃木県企業局の足尾発電所は反対の声が高まる中で足尾町羽毛に建設された。渡良瀬渓谷鉄道・原向駅から一キロの地点にある。昭和五七年九月着工し六〇年一〇月完成した。最大出力一万キロワットで、庚申ダムは重力式コンクリートダムである。堤体高二九メートル、堤体長五五・八五メートルで、中規模の水力発電用ダムである。

## 土壌改良事業が進む

公調委の調停調印から八年半を経過した昭和五六年一二月、板橋らは土地改良事務所を旧毛利田村役場庁舎に開設し、汚染指定農地を対象とした鉱害防除特別土地改良事業を開始した。

群馬県土地改良課が進めていた足尾鉱毒で汚染された渡良瀬川流域の土壌改良事業は六四年度、三一五・一ヘクタールのうち八六パーセントを終

土地改良区の事務所開設（太田市）

了し、特に太田市内は九〇パーセント以上に達した。次年度から未着手だった桐生市内の事業も始められた。

渡良瀬川流域地域の土壌改良事業は太田、桐生の両市にまたがるこの三一五・一ヘクタールの水田が対象である。総事業費六三億五八〇〇万円で五五年度に着手した。その内太田市は二九九・二ヘクタールと面積も大きく、銅の他カドミウムも含まれているため、優先的に事業が進められてきた。二九九・二ヘクタールのうち二七三・三ヘクタールは区画整理で、残りは原状回復が行われた。

六二年（一九八七）になって、古河鉱業は公害防止事業を完了させ、平成元年（一九八九）一〇月一日には、社名を古河機械金属株式会社に変更した。平成二年段階で、昭和五六年度から実施さ

公害特別土地改良工事（平成5年）

れてきた鉱害防除特別土地改良事業は、計画の二九四ヘクタールに対し九四パーセントの進捗率《しんちょく》に達した。平成二年度からは渡良瀬川流域公害防除特別土地改良事業実施地域つくり対策推進事業（群馬県の単独事業）が太田市、桐生市で始まった。渡良瀬川では川底に川藻《かわも》が生え、魚影が見られるようになった。毛里田地区の水田から「鉱毒溜《だ》め」とヘビのように曲がりくねった排水路や溝が姿を消しだした。（「土地改良事業竣工《しゅんこう》記念碑」は【付録二】参照）。

昭和六二年三月二五日には古河鉱業株式会社は、新会社足尾製錬株式会社を設立し精錬事業を半減させた。

## 新河川法成立

平成九年（一九九七）三月「河川法の一部を改正する法律案」が政府から国会に提出され、可決成立した。二一世紀に向けて大きく改正された新河川法の精神は、〝河川環境〟を重視した河川審議会の答申にうかがえる。

①近年の国民のニーズに応え、河川環境の一層の整備や保全を図るには、河川管理の目的のひとつが「河川環境の整備と保全」であることを国民の前に明らかにし、それを河川管理の責務とすべきものであること。

②河川事業の中で環境関連の事業が占める割合が相当程度に達し、今後もさらに伸びることが予想される現在、河川法の目的に「河川環境」が明記されていないことは、その実態にそぐわないこと。

③近年重視されている、河川内の生態系の保全、河川の水と緑の景観、河川空間のアメニティといった規定では捉《とら》え難く、（それらの規定でもある程度読み込むことが可能な、流水の水質保全などといった要素と合わせて）正面から捉え直すことが適当であること。

河川法に「河川環境の整備と保全」の条文が明記された。時代の要請に応《こた》える特筆すべき法律改正であった。

# 最終章　渡良瀬川はよみがえった

「渡良瀬川に　鉱毒流れて　父祖五代
　苦悩の　汚染田　いま　改良」
（板橋明治作）

「こんな争いは私の代だけで終わりにしたいものです」
（同氏、インタビューに答えて）

## 墓前報告祭

公害防除特別土地改良事業完了と渡良瀬川流域地区水質浄化を祈念する田中正造翁墓前奉告祭が渡良瀬川鉱毒根絶太田期成同盟会の主催で、一〇〇年前の被害農民結集の拠点となった渡良瀬川べりの館林市下早川田《しもさかわだ》・雲龍寺で営まれることになった。会長板橋明治の「案内状」を紹介する。

「貴台には、かねてより渡良瀬川鉱毒根絶運動に御高配御協力を下され、感謝申し上げます。顧みて本会は、昭和四七年三月の鉱毒被害賠償事件として、総理府公調委の提訴に際しては翁の墓前に勝訴祈願をし、申請者一〇〇〇人の団結をはかりました。四九年五月一一日感動の調停成立直後、勝訴報告祭を一八日、導師以下一〇人の僧侶によって実施し、多数の国会議員をはじめ関係指導者、名士来賓の参加をいただき、爾後《じご》の運動の成果を祈念して参りました。

お陰で公害防除特別土地改良事業三六〇ヘクタールは、平成一一年五月一二日、着工以来一七年三カ月を要し、竣工記念碑建設除幕を終え、事業は課題を残しながらも、土地改良区は一一月二六日結了し、また渡良瀬川の水質の改善は大いに進みつつ、鉱毒根絶運動所願のひとつは達成されました。

これは偏《ひと》えに田中正造翁の遺徳によるものであり、父祖五代を超えての翁の神力であり、仏果によるものと受けとめて、今日の鉱毒根絶運動の成果が得られたものと感謝いたすものであります。

環境問題は現代の全地球的課題であります。日本公害の原点の地の一〇〇年前の被害民結集の拠点、館林市下早川田の渡良瀬川河畔、雲龍寺の翁の墓前に改めて土地改良事業竣工報告を前承によって行ない、今後の鉱毒根絶運動のより一層の前進になるよう祈念すべく、当同盟会は平成一一年度事業の総括として、表記の通り計画いたしました。よって、別紙（省略）により実施いたしますので、貴台には、公私共御多忙中のところ恐縮ですが、御出席の上、御指導の程お願いいいたします。

平成一二年二月一七日

渡良瀬川鉱毒根絶太田期成同盟会　会長　板橋明治」

「墓前報告祭」は予定通り平成一二年三月一一日に挙行された。「田中正造翁報恩御和讃《わさん》」（板橋明治作、【付録三】参照）が奉納された。

## 渡良瀬川の水、家庭へ

平成一四年（二〇〇二）一二月太田市水道局は「水道局だより―水音―」を市民に配布した。

その見出しに「渡良瀬川の水、家庭へ、一一月二七日から通水」とある。

「平成一二年度に着工した導水管布設工事がついに完成、いよいよ渡良瀬川の水が皆さんの家庭へ供給されるようになりました。この水は、桐生市広沢町内を流れる渡良瀬川の取水口から第一水源地を経由し、そこから渡良瀬浄水場へ送られるシステムになっています」。

「なぜ、川の水を導入することになったかといいますと、太田市は今日まで水道水は地下水で賄《まかな》っていましたが、近年、地下水の過剰なくみ上げによる地盤沈下が懸念され（特に東毛地区）、その対策として川の水（表流水）の導入が決定されたものです。もっとも、今後すべて川の水を利用するわけではなく、これまでどおり地下水も利用していきます。／水質環境は、市民・関係機関のご努力により、現在、安全推移しておりますが、より一層管理体制を整備し、万全な体制で安全な水道水を供給します。（以下略）。」

鉱毒の川はよみがえり、飲み水に使えるまでになった。

## 闘いは続く

毛里田地区農民は、被害発生から約一世紀にして加害者（古河鉱業）を特定し、損害責任の追求もなし得た。しかし足尾の山元対策、中でも緑化対策、渡良瀬川の水質保全、汚染農地復元後の課題や健康被害の不安も今なお残っている。

毛里田地区はどこに行くのか。地区は太田、桐生、足利三市の真ん中にある。国道一二二号バイパスが昭和五二年に開通し、渡良瀬川右岸の鹿島・葉鹿の二つの橋のすぐ南側を国道五〇号が走っている。東部工業団地約二〇〇ヘクタールを造成するため、大型ブルドーザーは会長板橋宅の前の水田と畑を埋めつくした。北関東自動車道のインターチェンジも造成される計画だ。

「鉱毒の様相は変化した。われわれの子や孫は今度は工場と道路の公害に悩まされながら人生を送るのでしょうか。〝脱鉱毒〟は長かった。もうこんな長い争いは私の代だけで終わりにしたいものです」

八〇歳を過ぎた会長板橋はまさに百折不撓《ひゃくせつふとう》である。

会長板橋（右端）の足尾監視は80歳を過ぎた今も続く
（渡良瀬川・足尾の水質基準点にあるオットセイ岩にて）

# 付録

# 【付録一】「祈念鉱毒根絶」の碑文（全文）

「　鉱毒事件は日本公害の原点である

日本公害の原点鉱毒事件の被害地数万ヘクタールは概ね毛里田を基点とする渡良瀬川下流流域一帯である　事件は明治（一八六八〜一九一二）初期足尾銅山より鉱毒が流出し渡良瀬川の水質汚濁による農作物の不毛や減収など被害が発生した事に始まる　更に煙害は山元水源地を破壊し時に旱洪害となり被害を増大し農民の生活を奪った　農民は生きるため苦闘し田中正造は鉱業停止人道破壊を国会で号叫し続けたが政府は容れず遂に二九年（一八九六）鉱害は一府五県に及び被害民三〇万人に達した　当時銅は新政府の富国強兵政策の中核であり且つ企業と官僚との癒着甚だしく其の為行政の措置適切を欠き農業と鉱業の激突となった　即ち川俣事件となり天皇への直訴となって世論沸騰し明治時代最大の社会問題として歴史に残り公害第一号として知られた　やがて日露戦争（一九〇四〜一九〇五）発り更に大正（一九一二〜一九二六）昭和（一九二六〜）となり国際経済の緊張は屡々戦争を惹起し事件は何時しか国民の耳目より遠ざかった　その間鉱毒は深刻化し渡良瀬は怨念の川となった　鉱毒と煙害は企業の「廃棄物タレ流

シ」である　公害は一般に加害者は資本家企業であり被害者は農民勤労者市民である　企業の壁は厚くして加害の究明を阻み企業は殷賑繁栄した　被害は此の陰に長期一〇〇年となり尚現在に続き公害の原型ともなった　苦悩する父祖三代四代此地こそ毛里田である　茲に事件の大要を伝え生活環境を守る事の尊さを提起する

## 鉱害のたたかいと苦しみ

渡良瀬川は足尾山岳地松木川を源流とし約五〇キロメートルにして両岸開け桐生太田足利佐野館林などの各地を潤し利根川に合流する延長一〇六キロメートル天産豊かな河川であった　明治一三年（一八八〇）夏魚類多く浮死する事あり為に栃木県令は魚族有毒なりとし捕獲を禁止したと云われ此頃から異変起き稲や麦は黄変萎縮し枯凋による減収は年毎に著しく農民の生活は困窮した　原因は上流の足尾銅山が盛んに活動を始めた為丹礬（CUS〇四）の毒だと噂し流れ来る青白い泥渣を鉱毒と云い住民は不安と恐怖に包まれた　二三年（一八九〇）八月大洪水は両岸数一〇〇〇ヘクタールに鉱毒が氾濫し下流栃木県吾妻村は製鋼所採掘停止を知事に上申した翌年両岸では代表が鉱山を調査しその盛業に驚怖した　尚鉱毒の分析を学者に依頼し多量な銅によると判明長い受難の歴史が始まった　銅山は慶長一五年（一六一〇）発見され幕府直営し

たが産銅少なく元禄一六年（一七〇三）年産一五〇トンとなり以後更に衰退廃山同様が続いた明治二年（一八六九）鉱山解放令により古河市兵衛が手中にしたのは一〇年（一八七七）であり其の時渡良瀬川沿岸農漁民の運命が決まったのである　彼は官財界の支援と人脈に依り資本主義的生産に徹し鉱山最初の機械電気化を行い二四年（一八九一）年産銅七〇〇〇トンとなり我国の生産を半ばし古河繁栄の基礎を築いた　然し「銅山附近ヨリ数里ノ間ハ烟毒《エンドク》（ＳＯ２）ニ覆ハレ草木ハ枯死シ土砂崩壊シテ山骨ヲ現ハシ排出物ハ悉ク河中ニ投棄セラレ水色混濁シテ悪臭ヲ放チ」（待矢場史）更に鉱業用材と燃料の為樹木乱伐忽ち深山四周の緑を剥がし水源地は荒廃し旱害亦洪水を誘発し下流広汎な環境を破壊した　群馬県栃木埼玉茨城千葉の被害民は鉱業停止を政府に訴え政府亦帝国議会で追求された　然し県官郡長らの鉱業継続は示談仲裁の強要となり涙金（粉鉱排除費一〇アール　一・六銭～六厘　米一キログラム四・四銭）が与えられ公害反対運動は分断抑圧され苦闘し被害は激化した　九二年（一八九六）大旱魃は田植え出来ず桐生新宿堰に竹槍鉄把喊声谺し切崩しあり工業水車亦止まる　河神の怒りか大洪水襲い鉱毒濁流沿岸数万ヘクタールに拡散居泥し惨悽を極めた　運動は活発化し事務所を館林雲竜寺とした政府漸く鉱毒調査会（官鉱毒の字句を認む）を設け銅山に命令したが銅山施工して曰く「予防工事ノ如キハ不生産的事業ナリ」とし「工事ノ損失」を説き「自ラ欲スル所ナランヤ」（古河工事

一班）と天下に声明した　亦政府は被害地に免租の小憐を与えたが公民の大権を奪った　産を失い糊口に途なき農民三〇〇〇人窮状請願の押出しを行えば憲兵警官数一〇〇川俣に之を迎撃負傷者路傍に呻吟して悽愴六八名を捕えて兇徒と為し投獄運動は弾圧された　軈て官治水対策とし遊水池を計画被害地谷中村三〇〇〇ヘクタールを買収して強廃四〇年（一九〇七）収用と破壊の悲劇を葦芒と化した　足尾では抗夫の暴動あり高崎より軍隊が出動鎮圧した　大正元年（一九一二）鉄道が開通し三年（一九一四）世界大戦による銅価高騰は事業拡充と技術革新により六年（一九一七）産銅一万六〇〇〇トン足尾は最盛期を迎え人口三万八〇〇〇人となり企業古河は名実共日本四大財閥の一つとなった（労働史）然し煙害と浮遊選鉱法の鉱滓被害は愈々其の度を加え上流右岸群馬県側に集中一〇年（一九二二）不況と不作は毛里田強戸両村での小作争議の要因となった　一三年（一九二四）大旱魃は鉱毒除害運動組織再燃させ山田新田邑楽の農民は水源地涵養と製錬所移転を請願し続けた　昭和（一九二六～）となり経済恐慌から準戦時下に移り銅増産の高まりは待矢場用水六〇〇〇ヘクタールの取水部毛里田を鉱毒が直撃した　河床隆高し堤防不備から上流市町村は一三年（一九三八）改修同盟会を結成した　一六年（一九四一）大東亜戦争となり銅山は乱掘し外国人捕虜をも送られ亦供出した村の梵鐘も溶解された　戦地に軍需産業に労力を失った農家の鉱毒との闘いは辛酸難渋を極めた　二〇年（一九四五）終戦

山は荒蕪し川は涸渇流れては混濁驟雨沛然として山を洗い河床巻き七時間にして毛里田の水田に鉱毒が流入した　戦後の食糧は欠乏を極め統制厳しく農地改革あり民主化が進む中で毛里田村農民組合が結成された　二一年（一九四六）桐生市太田町など被害地一二市町村に呼びかけ東毛三郡足尾銅山製錬所移転期成同盟会を設立更に鉱害根絶同盟会とした　会は銅山に抗議交渉し中和剤石灰二〇〇〇トンなど出させ県に東群馬用水切替を決めさせたが実現しなかった　待矢場土地改良区は浸透水補給を採り管内市町村長らで別に沿岸鉱毒対策委員会を作り施工を理由に二八年（一九五三）農民の同盟会を吸収し銅山より工事費の一部金（約二〇分の一八〇〇万円）を受け直ちに委員会を解散し根絶運動は中断した　渡良瀬川用水域面積一万ヘクタール八用水あり内八二〇〇ヘクタールは群馬県に属し二六年（一九五一）県は被害面積五九八〇ヘクタール被害量水稲一八一〇トン裏作大麦九九八トン小麦一七七〇トンと調査し毛里田村をその激甚地とした　川は清流稀にして濁流の水質は銅四・四ppm（一九五二年九分の一六待堰〇・一N換算）子供は鉱毒水で泳ぎ川魚蛍を知らず農民は毒水と知りつつ灌水した　鉱毒溜廻し堀り（一〇アール当二五平方メートル）は鉱毒泥三〇～五〇センチ沈澱層堆し水口部尚数センチ入泥（減水深砂質壌土日量三三センチ）日夜数回の野廻りは養蚕繁忙と重なり寧日は無かった　水田は平均銅九七六ppm（Cu／T）所により二〇〇〇ppmを超え作物は物理的化学的被害による成育障

害を受け農地は破壊された　米一〇アール当五俵（三〇〇キログラム）小麦四俵（二四〇キログラム）前後で生活は苦しく対鉱毒は営農の総てであった　二七年（一九五二）赤城颪躰に凍り排客土は畚《もっこ》箱箕荷車リヤカーで行った　此頃銅山は年産九〇〇〇トンであったが二八年（一九五三）輸入買鉱を加え三二年（一九五六）自熔精錬法とし人員を整理し産銅増大を図った三三年（一九五八）源五郎堆積場決壊し鉱毒泥が苗代田に流入した　農民大会を開き毛里田村鉱毒根絶期成同盟会を再組し運動を展開した　村是となり農協の事業とし東毛三市三郡の会の結成へと拡大激甚地毛里田同盟会は大挙運動を繰り返した　足尾では簀ノ子堆積場が出来鉱滓はパイプ流送となり山々の高架鉄索が撤去され産銅は一万九〇〇〇トンともなった　已に戦後時移り経済成長著しく農業の変革あって牛馬嘶声は消え機械化が進み村は三八年（一九六三）太田市と合併した　四一年（一九六六）国会質問あり四二年（一九六七）公害対策基本法制定四三年（一九六八）運動の結果経済企画庁は漸く渡良瀬川の水質銅〇・〇六ppm（〇・一N高津戸）と定めたが農民の要望（〇・〇二ppm以下）は認めなかった　時に産銅三万四〇〇〇トンを超え濁流の為待堰水門は一一回閉鎖した　四六年（一九七一）毛里田地区の玄米よりカドミウム（cd）検出され新たに生命への危険が重なり折から富山県神通川イタイイタイ病事件等あり衝撃は大きく行政庁への対策陳情は急を要した　同盟会は銅山に抗議して怒り上空より鉱毒

源を査察し通産省に糾し本社に責任を追及して語気激し　銅山応え「鉱毒は流していない法は守っているカドミ（cd）は関係ない文句があれば国に言え」と　積憤に臓腑激沸して已まず即ち他なし鉱山の元兇決めつけを措いて鉱毒根絶なし　鉱業は農民生活の犠牲を代替に繁栄し続けて一世紀今尚責任曖昧に傲慢なること昔日の如くである　然るに公害問題の窮極的解決は司法制度による外なく手続きの至難さと亦官庁調査資料は秘して公せず被害者による因果関係の立証は困難でありその仕組みの中に企業が栄え公害が激化した　時に公害紛争処理法公布あり会議に謀り提訴準備を進めては窃笑掣肘漸くして四七年（一九七二）総理府中央公害審査会（後公害等調整委員会）に申請人九七一名面積四六八ヘクタール紛争の相手を古河鉱業とし農作被害賠償調停を求めた　彼は農作物の減収はなく申立は解決ずみと強く否定して反論我は独自調査と被害の事実を主張して譲らず委員の現地調査とその解明あり時に銅が土壌汚染物質に指定されてマスコミは活発に伝え与論を誘い来訪者多く国民注視の中で二カ年を経四九年（一九七四）五月一一日遂に相手は損害を認め補償金一五億五〇〇〇万円（四六年産米一俵六〇キログラム八六七一円）を支払った　加害者茲に特定したが亦鉱毒根絶の遠い日を知った

## 鉱毒根絶はこれから始まる

鉱毒事件は歴史の中で多くの問題を起こしつつ多くのことを教えてきた　毛里田は反公害の灯を守り運動を続け事件の適切根本的解決を希求し遂に加被害の関係を明確にし農業被害補償の嚆矢として幾多の道を開いた　然し鉱毒根絶こそこれから始まる　会は田中翁の霊前に誓った一、川に清流をとり戻す〔月量銅一五トン流れ（一九六五）台風時五〇トン流出（一九七二）全国河川平均銅〇・〇〇一ppm〕二、汚染農地の復元（現行銅濃度一二五ppmを八〇ppm以下とし土地改良する）三、山元対策の完全化（排水基準銅一・三ppm然し降雨等により堆積場一四カ所一五〇〇万トンその他施設から鉱毒が流出）四、カドミウム（cd）禍究明〔尿中一〇ミリグラム/リットル以上の要観察者多数原因は鉱山施設と群馬県のみ結論（一九七二）〕四八年（一九七三）会社は閉山と称し採鉱を廃し人員整理し輸入買鉱による精錬に切り替え産銅を増大し年産七万二〇〇〇トン（証券報告書）と推計される　草木ダム出来五一年（一九七六）貯水を開始し鉱毒泥土を湖底に沈め水質は銅〇・〇二ppmを下廻った　幹線水路整備進み太田堰着工され更に毛里田は国道五〇号一二二号開通して都市化進み太田東部工業団地一七〇ヘクタールが造成されつつ変貌するが未だ銅汚染水田二五四ヘクタールカドミ田三七ヘクタールも残る被害当事者相諮り資を寄せ先哲諸賢に感謝し根絶を祈念すべく公害原点毛里田中央の地を選び碑

を建つ　土は農民の命碑は象りて土に造る　為政者並びに全国企業関係者誤を再び為す怨れ市民亦受くる怨れ　公害を無くし日本が平和で豊かな祖国であれと祈る　之被害民の心である」

## 【付録二】「公害防除特別土地改良事業竣工記念碑」（全文）

「土地は動植物を育て人間の生を支う、明治新政の初めより足尾銅山の産業廃棄物「鉱毒」により水質汚濁となり土壌汚染となる、また煙害は旱公害を増幅し被害地五万町歩（ヘクタール）被害者数数一〇万人に及ぶ、環境破壊となり災害となりて一世紀を超す、日本公害の原点足尾鉱毒事件の今に続く被害地は当所なり、怨念惜恨と言うべし、毛里田韮川の激甚地一帯の水田稲作は夏になるに緑一様ならず、水口部鉱毒溜の近くの苗は黄変萎縮して尺（三三センチ）に至らず枯死して稔らず、水口より離れるに従い草丈伸び水尻部は二尺五寸（七五センチ）程に成育して実る、収量反収四・五俵（二七〇キロ）前後なれば無被害地の半作なり、裏作麦類の被害更に大なり、農科は苦悩すること久し、日本は昭和三五年（一九六〇）頃より重工業は急伸して経済政策は農業との格差を開きつつ、全国的に公害続発し地方の生活文化また変貌して四世代を経たり、漸く五六年（一九八一）一二月県営公特土地改良事業着工され汚染土の除去又は覆土して終る、従前地の鉱毒溜は覆い潰して大小不整形の古貌改まり昔日の野景己になし、近代的水田となりて生気湧く悦びや大なり、平成一一年（一九九九）三月なり、此の地即ち太田市北部の旧毛里田村同じく韮川村及び桐生市広沢境野地区の一部計三六〇ヘクタールなり、本事業の経過と概要を記すに当たり敢えて被害を省み公害地処理の課題を問わんとす、

按ずるに明治時代（一八六八〜一九一二）最大の社会問題の被害地は事件と問題を残しつつ偶々（たまたま）三五年（一九〇二）九月大洪水は赤城山東麓等の腐植質壌土を運びて下流域広く毒土を覆う、よって自然の客土となり復活の声起きる、政府の行う治水工事は谷中村の惨劇となり堤防工事に移り、様相変りて下流域の運動は立消えたり、大正（一九一二）に入るや鉱山盛業して河川は己に鉱毒泥流に変じ、上流部毛里田の地を直撃して暫時流下し東毛地帯水田一万町歩に灌漑す、日照りては水源地既に保水なし川に水なし、東毛一帯の請願運動また起きる、

昭和（一九二六）となりて世は軍備拡張に赴く所被害民はその害言うべからず、二〇年（一九四五）戦後直ちに毛里田の鉱毒根絶運動起り東毛鉱毒同盟会の結成となるや、県は鉱毒対策に取組めり、三三年（一九五八）五月運動再燃す、

此年東毛地方の水稲被害面積七〇四九町歩、被害量三七七八九石（米一石一五〇キログラム当り一万円）、減収金額三億七七八九万円、大麦小麦裸麦の被害地四四七一町歩、金額一億五二二

六万円也、県は三四年（一九五九）より深耕展示圃を設け、更に四〇年（一九六五）調査し四二年（一九六七）より四五年（一九七〇）まで客土展示圃二・八ヘクタール設置し排客土深耕の処方を問う、四六年（一九七一）二月毛里田地区の前年の玄米よりカドミウム検出の発表あり、三月健康診断を実施したが県は中毒症なしと為す、一一月当年産米より一ミリグラム以上一〇カ所、桐生、足利市各一ヵ所となる、毛里田同盟会は激怒し四七年（一九七二）三月古河工業の加害責任追及の訴えを総理府公調委に起す、五月群馬県はカドミウム汚染地対策三七・六二（桐生〇・二）ヘクタール指定す、同盟会積年の請願により一〇月中央公害対策部会の答申により土染法に銅及びその化合物が追加され、県は四七・四八年（一九七三）の調査を踏まえ、翌四九年（一九七四）三月銅汚染対策地三五九・八〇（桐生四七・七四）ヘクタール（平均銅濃度二二五ｐｐｍ）を指定せり、

ここに汚染地復元は具現化す、五一年（一九七六）七月県は「農用地等の公害防除事業」について対策素案を地元に説明し五三年（一九七八）九月県私案を作成一一月国の了解を得た、五五年（一九八〇）八月公特事業の加害原因者古河鉱業の負担率五一パーセントに毛里田は此れを否認とし概定割合七五パーセント主張するに入れられず、総事業費五三億三〇〇〇万円のうち公害防止費は四九億四〇〇〇万円（五五年四月現在・物価変動性）と決る、九月土地改良事業地元説

明会、一〇月対策計画書は環境庁長官・農林水産大臣の承認あり地元部落説明会を開く、

県営事業の目的「本事業は　銅の精錬過程により排出された特定有害物質（カドミウム・銅）により農用地の土壌が汚染され　人の健康をそこなう恐れがある農産物が生産され　また農作物の生育が阻害された農用地に対し排客土　上乗せ客土反転工及び土壌改良資材の投入等の復旧対策を実施し　人の健康を守るとともに土地生産力の回復をはかり農家の生産に対する不安解消と農業生産性の維持をはかる」と謳う、

五六年五月改良区設立準備委員会事務所を旧毛里田役場庁舎に設置す、準拠法令は「農用地の土壌汚染防止等に関する法律」（昭和四五年）により事業実施は「土地改良法」（昭二四）に基づく、「農業生産の基盤整備及び開発を図りもって農業生産の向上」を前提とし実務は「換地受託業務」を改良区の主たる事業とせり、一〇月設設立認可（群第二四七号）となり、渡良瀬川沿岸土地改良区は一一月第一回理事会を開く、一二月二六日総代会を経て設立開所す、事務所は只上乙一八五九に定め、職員三人を採用し市より公特係の配属を得、県は館林事務所より太田へ事務所を開く、

改良区の地域は只上一、二区　原宿　吉澤一、二区　丸山　矢田堀　古氷　東今泉　上小林台之郷　植木野の三二五ヘクタール、組合員八二三人、総代六〇人、理事三〇人（組合員二五

人、員外五人）監事五人、

主要事業一、区画整理方式三三二・二ヘクタールを工法により三通とす、イ、上乗せ客土一七一・九ヘクタール、ロ、反転工三三・九ヘクタール、ハ、排客土二八・一ヘクタール（カドミウム対策二〇センチ排客土）、ニ、現状回復方法四一・八ヘクタール、

換地工区を八工区に別け換地承諾を得た工区より工事、処分を逐次行えり、以来一八カ年各職分を尽くして事に当る、幸い区画整理に拠りて農地の集団化成り一筆〇・七七アールより一三・六アールとなり平均二・八ヘクタールの圃場となる、道水道は整理され社会資本は充足せり、蓋し公特事業地はこ鉱害地の全域に非ず一部なり、

国の土壌部会の汚染地指定の答申は「当面水田（稲）に限るとし、銅一二五以上」と決め「小麦は渡良瀬川流域のみ」とて除外せり、麦を被害対策地とせば改良地は数倍の広域に及ぶべし遺憾なり、次に客土材六〇万六〇〇〇平方メートルは赤城山南面の火山灰土にて有機質等皆無なれば多量の改良資材（肥料等）を投入せり、事業実施後の効果は一一カ年平均土壌中の銅は四・一五ミリグラム収量一〇二パーセントにして玄米中のカドミウムは〇・〇二ミリグラムとなる、兼て痛心の高濃度ヒ素も亦下る、顧みて県の換地指導は地権者全員の承諾を求むるは却って個人の主張を強め不公平を招来せり、法の定むる所は三分の二以上なれば是とするは全国府県の半数な

り、土捨場八・七ヘクタールは田に汚染排土を集積せし犠牲田なり、計画書は「宅地等農用地以外の利用」と明記せるに何ぞ畑として換地す、国は家屋建設を是とし県は否（都市計画法）と即ち地権者は当惑して今に至る、公特事業に係る埋蔵文化財調査が行われ只上楽前・吉沢落内・植木野駒形遺跡等を始め広汎なる先住古代人の文化を確認せり、未だ残る顕在被害地の追加指定は事業開始より鉱毒根絶同盟会の指摘する所なり、改良区閉庁に当り県の指定せる三カ所約四・二ヘクタールは次年の施工となるも喜とす、先哲田中正造は「山川に緑を」と唱う、翁没後八五年にして破壊農地は復元せり、同所「祈念鉱毒根絶」碑所願の一は、達成せり、この時に当り北関東自動車道は改良地域を横断せんとして基本杭既に打つ、否とすべきや可とすべきや時運に刻舟の例あり、建碑し関係者の労を謝し、世に報じて祖考に応え専ら地域と組合員の事後の発展を希う、

渡良瀬川に鉱毒流れて　父祖五代

苦悩の汚染田　いま　改良成る

平成一一己卯年三月　渡良瀬川沿岸土地改良区理事長　板橋明治　撰文並書」

# 【付録三】「田中正造翁報恩御和讃」（板橋明治作）

一、帰命（きみょう）　頂礼（ちょうらい）　田中翁
足尾銅山　鉱毒を
明治の　帝（みかど）に　直訴する
世論は沸きて　義人とす

二、時は移りて　翁なく
大正昭和の　戦争に
渡良瀬　濁流　防ぐなし
上流太田は　激甚地

三、戦後の経済　急伸す
公害列島　深刻に
鉱毒事件は　日本の
公害原点と　人は言う

四、水質　決まるや　カドミ米
不作は健康　不安へと
企業に問うに　答えなし
五、古河　加害を　一〇〇年目
漸く　認めて　決着す
汚染地　指定の　三六〇町
翁の　遺言　沃野にと
よろこび　碑文に
渡良瀬川に　鉱毒流れて　父祖五代
苦悩の　汚染田　いま　改良
六、成るは　平成　一一年
万苦（ばんく）を越えた　浄土なり
翁の　加護に　渡良瀬川
真水（まみず）　求めて　報恩す

## 【付録四】「年表」（パンフレット『渡良瀬川の鉱毒』より。官庁名は当時）

慶長一五年　足尾銅山が発見されたと伝えられ、間もなく幕府直轄の銅山となった。

元禄一三年　産銅は最高一五〇〇トンに達したが、急減した。

文化一四年　銅山は休止し、廃山同様となる。

明治二年　国有となり、翌年栃木県有となり、四年民営化される。

同一〇年　古河市兵衛の所有となる。

同一三年　渡良瀬川に魚が大量に浮死して流れた。栃木県令は魚族有害なりとして、捕獲を禁止したと伝えられる。

同二三年　大洪水が流域を襲った。鉱毒氾濫し各町村では鉱毒反対の動きが表面化した。

同二四年一二月　第二回帝国議会で田中正造が足尾鉱毒被害について質問・演説をした。

明治二六年六月　毛里田村や韮川・強戸などの各村が古河鉱業と示談。

同三三年二月一三日　「押し出し」の被害民五〇〇〇人余が警察隊に鎮圧される。「川俣事件」。

大正一〇年　小作争議が起きる。

同一三年　大干ばつと農民大会。

昭和一六年から終戦まで　渡良瀬川の鉱毒は垂れ流し状態が続く。

同二一年　渡良瀬川流域市町村は鉱害対策委員会を結成し、群馬県の事業として鉱害の実態調査を行った。

同三三年五月三〇日　足尾町の鉱泥堆積場・源五郎沢の土堤（長さ四〇メートル）が決壊し、多量の鉱毒が毛里田地区の苗代田に流入した。戦後最悪の被害。

同三三年七月一〇日　毛里田村鉱毒根絶期成同盟会が被害全農家によって結成された。

同三三年七月一六日　毛里田村村議会の意見書並びに要望書を関係機関に提出する。

同三三年八月二日　桐生市、太田市、館林市及び山田郡、新田郡、邑楽郡の三市三郡（東毛三市三郡）による渡良瀬川鉱毒根絶期成同盟が結成さる。

同三四年六月一二日　渡良瀬川水域指定について経済企画庁、農林省、衆参両院に陳情、七〇〇人。(一六日指定される)。
同三四年一一月二四日から三〇日　経済企画庁、農林省、通産省、建設省の合同足尾銅山調査が行われた。
同三五年一月二二日　参議院農林水産委員会・毛里田鉱毒地を視察。
同三八年六月一〇日　水質審議会第六部会・現地調査、群馬県庁にて参考人の陳述。
同三八年一二月一日　山田郡毛里田村は太田市へ合併。
同三九年一〇月五日　農林省、経済企画庁、通産省へバス一〇台にて陳情。
同四一年一〇月七日　群馬県議会にて渡良瀬川水質保全に関する意見書を経済企画庁、農林省、通産省に提示。
同四二年二月七日　水質審議会第六部会へ銅〇・〇二ppmを毛里田地区同盟会が陳情。
同四三年三月六日　経済企画庁、水質審議会第六部会で渡良瀬川の流水基準高津戸にて銅〇・〇六ppmと決定。
同四六年六月九日　毛里田地区同盟会委員・足尾鉱業所、製錬所へ抗議。
同四六年九月二三日　太田市議会・渡良瀬川鉱毒特別委員会設置。
同四六年一二月二八日　群馬県発表により、毛里田地区よりカドミ汚染米(一ppm以上)

一〇カ所から検出。

昭和四七年一月二一日　通産省へ監督官庁たる責務を追求、古河鉱業本社へ毛里田地区の銅による被害の八〇年間の損害金一二〇億円を要求したが、応じなかった。

同四七年一月三日から三月八日　カドミウム汚染米の凍結（九九三〇キロ）。

同四七年三月三一日　農作物被害四億七〇〇〇万円・一一〇人（会長板橋明治他）が古河鉱業に請求。総理府公害等調査委員会に調停申立て。その後合計九七一人、請求総額三九億円。

同四七年四月三日　水田土壌のカドミウムによる汚染の原因者は古河鉱業であると群馬県が判定。

同四七年五月八日　カドミウム汚染対策地域三七・四二ヘクタールを指定。

同四七年七月一四日　環境庁、通産省、農林省、建設省、水資源開発公団、栃木県、群馬県による降雨時における渡良瀬川合同調査実施。

同四七年八月二一日　総理府中央公害等調整委員会・足尾銅山山元調査。

同四七年一〇月一七日　農用地の土壌汚染防止等に関する法律に銅が追加指定。

同四七年一二月　土壌汚染防止法に基づく銅汚染土壌の細密調査実施（第一回）。
同四九年三月一八日　渡良瀬川流域で土壌汚染対策地域農用地三六〇ヘクタール（銅）を指定。
同四九年五月一一日　総理府公害等調整委員会による毛里田地区の損害賠償一五億五〇〇〇万円で成立。
同四九年七月一二日　農用地土壌汚染対策の関係農家の意向調査（アンケート調査）。
同五〇年四月五日　足尾発電所建設計画について栃木県が説明会を実施。
同五一年七月五日　太田市が関係省庁へ反対の意見書を提出。
同五一年七月三〇日　農用地の公害防除事業について地元説明会を開催。
同五二年七月二七日　古河鉱業との公害防止協定基本協定書締結・毛里田同盟会は認めず。「祈念鉱毒根絶」の碑を建立。
（注＝これ以降は【付録五】を参照）。

## 【付録五】「板橋明治の足跡」（板橋氏「覚え書き」）

大正一〇年（一九二一）六月二五日群馬県只上《ただかり》村の名主板橋定四郎を祖とする自作地主に生まれた。群馬県山田郡毛里田村大字只上一三八二番地、祖父伊三吉（五〇歳）、父宗三郎（三〇歳）、母まさ（二六歳）。（注＝板橋定四郎は江戸中期の著名な農学者・和算家。幕府の命で救荒作物サツマイモの試作に成功し、「薩摩芋作様《つくりよう》一件書付」を代官に提出した。享保一八年（一七三三）四月のことで、蘭学者青木昆陽の「蕃藷考《ばんしょこう》」より二年早く、当時西国を襲った大飢饉により笠岡代官（現岡山県）井戸平左衛門の目にとまった。近年、同地より「書付」が発見され、その史実が裏付けられた。『太田市史』より）。

昭和三年（一九二八）　七歳　毛里田尋常小学校入学、

昭和九年（一九三四）　一三歳　小学校卒業、太田中学（旧制）入学。

昭和一四年（一九三九）一八歳　太田中学卒業、群馬師範第二部入学。（二部は中学卒業生が対象）。

昭和一六年（一九四一）二〇歳　三月群馬師範第二部卒業。新田郡笠懸村国民学校、同青年

昭和一七年（一九四二）二一歳

学校奉職。太平洋戦争勃発。大鹿卓「渡良瀬川」に感動。やがて戦地に送らせて読む。

一月二〇日現役兵として歩兵第一一五連隊（高崎東部三八部隊）入営。二月一三日支那ウースン上陸。独立混成第一一旅団司令部。中支蘇州の兵舎。六月二四日昭南港（シンガポール）。七月七日ビルマ・ラングーン上陸。第三三師団弓兵団兵。第二一五連隊転属。第六中隊編入、モニワ。八月二〇日幹部候補生採用、二一五連隊。一〇月一日兵科甲種幹部候補生を命ず、二一五連隊。

昭和一八年（一九四三）二二歳

五月一五日ジャワ派遣岡第一〇三四三部隊、南方軍幹部候補生隊入隊、スマラン。一二月二八日曹長の階級に進み見習士官を命ず。第一四独立守備隊転属。

昭和一九年（一九四四）二三歳

一月一〇日独立混成二八旅団敬兵団、独立歩兵第一五五大隊転属、第二中隊付。マデウン、スラカルタ。七月一日任陸軍少尉、内閣。九月一日第九期特別志願将校に採用、陸軍省。

昭和二〇年（一九四五）二四歳
八月一五日終戦（ジャワ、スラカルタ）。八月二〇日任陸軍中尉。

昭和二一年（一九四六）二五歳
五月九日ジャワ、テガール港出発。七月八日鹿児島港上陸。七月一〇日復員。

昭和二三年（一九四八）二七歳
一二月二五日妻茂子（二一歳）と結婚。

昭和二七年（一九五二）三一歳
一二月三日毛里田村議会議員当選（初回）

昭和三一年（一九五六）三五歳
毛里田村議会議員当選（二期目）、村議会議長となる。

昭和三三年（一九五八）三七歳
五月三〇日足尾源五郎沢堆積場決壊、板橋は積極的に運動を立ち上げ、戦後第二次鉱毒根絶運動の発火点となる。七月一〇日鉱毒根絶農民大会（一〇〇〇人余）の議長となり、同盟会の副会長となる。七月二〇日鉱毒根絶運動を村議会で議決、村是となり、農協の主たる事業となる。一〇月一一日母まさ死亡（六三歳）。

昭和三五年（一九六〇）三九歳
二月二九日村議会議員辞職（リコール）。

昭和三六年（一九六一）四〇歳
五月一日毛里田村農業協同組合理事当選、毛里田村農業共済組合長就任。

昭和三七年（一九六二）四一歳　一〇月鉱毒根絶毛里田期成同盟会長となる。

昭和三八年（一九六三）四二歳　一二月一日毛里田村が太田市へ合併。

昭和三九年（一九六四）四三歳　五月一日毛里田農業協同組合理事再選（二期目）、毛里田農業共済組合長再選（二期目）。五月二五日太田市行政審議会委員（毛里田地区市議会議員不在のため、委員一六名）。一〇月五日鉱毒同盟会は鉱毒水の濁りを濾過して、清澄水として検査したため、抗議上京、農林省、経済企画庁、通産省、バス一〇台。

昭和四一年（一九六六）四五歳　四月一日毛里田農業共済組合は太田市農業共済組合と合併。五月一日毛里田、強戸、宝泉三農協合併して太田市中央農業協同組合となる、太田市中央農協理事、常務理事就任。

昭和四二年（一九六七）四六歳　二月一五日毛里田鉱毒同盟会は水質審議会（第六部会）へ渡良瀬川の水質基準銅〇・〇二ｐｐｍとするよう陳情した。四月三〇日中央農協常務理事任期終了。五月一日太田市市

議会議員当選（初回）、太田市中央農協理事再選（三期目）。

昭和四三年（一九六八）四七歳

三月六日渡良瀬川の水質基準、灌漑期平均、流水銅〇・〇六ppmと決まる。

昭和四五年（一九七〇）四九歳

五月一日太田市中央農協理事再選（四期目）、五月太田東部工業団地二〇〇ヘクタール造成のため、売買契約開始。一二月「公害国会」、公害一四法成立、この頃から足尾鉱毒事件は日本公害の原点と位置付けられた。

昭和四六年（一九七一）五〇歳

二月二四日毛里田の米からカドミウム一〇カ所が検出、緊急役員会招集。五月一日太田市議会議員当選（二期目）。九月二三日太田市議会公害特別委員会設置、以後平成一三年まで続く、三〇年の長寿委員会となる。一一月東部工業団地造成のため解放後の二町四反のうち農地一町二反失う（四割換地のため）。

昭和四七年（一九七二）五一歳

三月三〇日総理府公害等調整委員会へ古河鉱業の足尾鉱毒賠償提訴、提訴者九七一人となり、板橋は筆頭代理人となる（代理人他四名）。

昭和四八年（一九七三）五二歳　五月一日太田市中央農協理事再選（五期目）。

昭和四九年（一九七四）　五月一一日公害賠償事件調停成立、一五億五〇〇〇万円取得し、農民救済に当てる。

昭和五〇年（一九七五）五四歳　四月一日太田市議会委員を群馬県議会議員立候補のため辞任する。四月一三日県議選に落選（九六〇〇票余）。

昭和五一年（一九七九）五五歳　一月映画「鉱毒」製作、近隣市協賛、三月二二日から三一日まで、桐生、足利、太田、館林、佐野、栃木、前橋各市で上映、五月一日太田市中央農協理事再選（六期目）、副組合長となる。

昭和五二年（一九七七）五六歳　七月二七日「祈念鉱毒根絶」の碑建立、入魂式。

昭和五四年（一九七九）五八歳　五月一日太田市中央農協理事再選（七期目）、副組合長となる（二期目）。

昭和五六年（一九八一）六〇歳　五月一日渡良瀬川沿岸土地改良区設立準備委員会発足、委員長となる。一〇月一日渡良瀬川沿岸土地改良区理事長就任。

一二月二六日渡良瀬川沿岸土地改良区設立総代会と式典。

昭和五七年（一九八二）六一歳　五月一日太田市中央農協理事再選（八期目）。

昭和六〇年（一九八五）六四歳　八月一日父宗三郎死亡（九四歳）。

平成五年（一九九三）　四月自民党太田支部長就任。以後平成一〇年九月まで五年六カ月務める。

平成六年（一九九四）　七三歳　毛里田、韮川鉱毒同盟会合併して太田同盟会（組合員一六〇〇名）となり、会長となって鉱毒根絶運動を続け今日に至っている。

平成七年（一九九五）　七四歳　六月「鉱毒史」編纂委員会・委員長となって編集・執筆である。

平成一一年（一九九九）七八歳　二月二八日土地改良区閉庁、事務終了。五月一二日公害特別土地改良事業竣工記念事業碑建立。六月二八日「板橋明治翁像」建立。

平成一四年（二〇〇二）八一歳　四月一〇日公害特別土地改良「第五工区の碑」監修・建立。

（以下略）。

# あとがき

私は河川や湖沼にこだわって生きてきた。それは、河川・湖沼が生命の源《みなもと》、文明の源流であると信じているからに他ならない。私は洪水と水害、水資源確保、河川環境、舟運、河川史に強い関心を持ち、それらに関する著作（ノンフィクションや評伝など）を刊行してきた。その間、「公害の原点」足尾銅山による渡良瀬川鉱毒事件について、いずれの日にか取材し図書を刊行したいと願ってきた。それは、私が鉱毒事件に生涯を捧げた「下野《しもつけ》の百姓」田中正造と同じ栃木県佐野市生まれであることも少なからず影響しているように思う。

「真の文明は　山を荒さず　川を荒さず　村を破らず　人を殺さざるべし」

言うまでもなく、田中正造の警句である。

歴史家だった父の影響もあって少年時代から「正造語録」、「正造逸話」に接してきた私は、田中正造の生涯に「ただならぬもの」を感じ、同時にこの巨人の生涯は日本近代史を理解するうえでもきちんと調べ理解する必要があると思って来た。今日、正造は環境問題が深刻化する中で図《はか》らずも「国民的英雄」となった感がある。

しかしながら、私が注目したのは「救現」(「現《いま》を救え」)を叫んだ正造の生前とともに彼の没後である。傑出した指導者田中正造の死によって世間から忘れ去られてしまった渡良瀬川鉱毒事件は戦中・戦後も流域の農民に苦難を強いてきた、この現実である。私は、戦後の渡良瀬川鉱毒被害と鉱毒根絶を訴える被害農民の生き様、中でも指導者板橋明治氏の苦闘ぶりをぜひ描いてみたいと思った。彼は正造亡き後の戦後の鉱毒運動を盛り上げその生涯を尽くし切った。取材のきっかけをつくってくれたのは関東地方の河川研究家で友人の白井勝二氏だった。

「田中正造は古河鉱業を相手とせず、もっぱら政府とたたかった。(毛里田地区の)被害民はそれから八〇年後に、はじめて古河を相手に損害賠償を請求したのである」(森永英三郎『足尾鉱毒事件・下』)。私の描きたかったことはこのことにつきる。

「百年鉱害」の足尾鉱毒事件の闇は深く暗い。私の執筆活動は思うように進まなかった。深夜夢にうなされて目を覚まし飛び起きてパソコンの画面に向かって原稿の書き替え作業を行ったことも再三に及んだ。そんな時、私は約一世紀もの間鉱毒に苦しんだ流域農民やその指導者で八二歳の老闘士板橋明治氏の半世紀に及ぶ苦衷《くちゅう》を察し自らを励ました。そして予定より遅れたものの何とか刊行にこぎつけることが出来た。

今回の取材では多くの方々に御協力をいただいた。

渡良瀬川鉱毒根絶太田期成同盟会会長板橋明治氏には『鉱毒史』編纂《へんさん》中の貴重な資料の提供や現地案内も含め多くの御教示をいただいた。板橋茂子様、馬場朝光《ともみつ》氏、荒木好夫氏、遠藤廣江様、薗田丑雄氏、梅沢瞭一氏、菊地清市氏、川田俊雄氏、中山孝氏、一ノ瀬薫夫氏、野口正弥氏、岡田寿夫氏、青木文正氏、坂本久七氏、須藤隆氏、長瀬欣男氏、待矢場両堰土地改良区理事長野村水吉氏、林えいだい氏、坂原辰男氏、下山實氏、『鉱毒史』編纂室田村則子様、同・大島昭子様、太田市農協組合長菊地浅美氏、浦安細川流投網保存会藤松道太郎会長と「もやいの会」会員の皆様、前田順吉氏、高橋誠一氏、東平進氏（順不同）。上記の方々には心から感謝したい。私の活用した鉱毒資料の大半が板橋氏夫人茂子様がワープロやパソコンに打ち込み整理されたものである。お礼を申し上げたい。茂子夫人は夫の資料整理を支えるため六〇歳の時ワープロを独力でマスターされた。失念した方がおられるかもしれない。お許し願いたい。

感謝したい組織・団体は下記の通りである。

独立行政法人土木研究所、国土交通省河川局、同関東地方整備局河川部、同利根川上流事務所、同渡良瀬川河川事務所、同江戸川河川事務所、同荒川下流河川事務所、群馬県立図書館、太田市、同市教育委員会、同市立図書館、桐生市、館林市、栃木県立博物館、佐野市、同市郷土博物館、大間々町、藤岡町、利根川資料館、足尾町、足尾に緑を育てる会、渡良瀬川中央土地改良区連合、江戸川区土木部、同区立図書館、浦安市、同市郷土博物館、同市立中央図書館、同中央公民館、国立国会図書館、筑波大学付属図書館、東京都立中央図書館。

私は今回の取材に当たって農作業や農民の心を知るため、自宅近くの家庭菜園を借りて季節野菜の栽培に挑戦してみた。気候に左右される農作業は大変な重労働であることを知った。その一方で、植物を育てることや収穫することの素晴らしい喜びも知った。育っていく植物の瑞々《みずみず》しさ・美しさ・たくましさも知った。

今日、渡良瀬川に清流が戻り、下流域の水田は他の地域の水田と何ら遜色《そんしょく》ないくらいによみがえった。だが、上流の山元・足尾町の山々では緑をかえすために多額の国家予算を投入している。鉱毒によって破壊された大自然は、国や自治体それにボランティアの努力によって緑を回復し出したのである。山紫水明の地に戻るのは何時《いつ》のことであろうか。

「参考文献」は膨大な量に上る。一部を記すにとどめる。


『季刊　群馬評論』掲載の「板橋明治論文」

布川了『足尾銅山鉱毒史』

『田中正造全集』

城山三郎『辛酸』
夏目漱石『坑夫』
東海林吉郎・菅井益郎『通史　足尾鉱毒事件　一八七七〜一九八四』
川名英之『ドキュメント　日本の公害』
森長英三郎『足尾鉱毒事件　上・下』
内水護『資料足尾鉱毒事件』
林えいだい『望郷・鉱毒は消えず』
『群馬県史・資料編二〇・近代現代四』
『栃木県史・史料編・近現代九』
『太田市史・通史篇』
『佐野市史』
『鉱毒史』（板橋明治編集、編纂中、一六年度発刊予定）
長瀬欣男『足尾鉱毒紛争と加害責任割合』
大鹿卓『渡良瀬川』、同『谷中村事件』
宇井純・恩田正一など『公害原論』

若林敬子『東京湾の環境問題史』
前田智幸『いのちがけの陳情書』
井出孫六『虚栄の時代』
『アーカイブス利根川』
『足尾郷土誌』
栃木県博物館・佐野市郷土博物館『田中正造とその時代』
田中正造大学ブックレット『救現』（バックナンバー）
「朝日新聞」、「毎日新聞」、「読売新聞」、「東京新聞」、「上毛新聞」、「下野新聞」などの関連記事。

信山社サイテック編集企画部の四戸孝治氏には拙書の刊行を快くお引き受けていただいた。心から感謝いたしたい。私はこれからも河川や湖沼にこだわっていく積りである。
最後に、私に取材と原稿執筆の貴重な時間を与えてくださった独立行政法人土木研究所坂本忠彦理事長をはじめ幹部・友人諸氏に心から謝意を表したい。

「毒流す　わるさやめずば　我止まず　渡らせ利《と》ねに　血を流すとも」
「虐げの　あとは毒より　はげしけり　馬に喰はする　民草もなし」

田中正造

平成一六年（二〇〇四）春

高崎哲郎

仲尼曰「人莫レ鑑二于流水一、而鑑二于止水一」（荘子）
（和訳＝仲尼《ちゅうじ》曰く「人流水《りゅうすい》に鑑《かんが》みるなくして、止水《しすい》に鑑みる」）

## 著者紹介

**高崎　哲郎**（たかさき　てつろう）

一九四八年　栃木県生まれ。
NHK記者、帝京大学教授を経て、現在、独立行政法人土木研究所の客員研究員。東京工業大学非常勤講師。
作家、土木史研究家。

**主な著書**

『評伝、技師・青山士の生涯』（講談社）／同書英語版（非売品）
『沈深、牛の如し―慟哭の街から立ち上がった人々』（ダイヤモンド社）
『砂漠に川ながる―東京大渇水を救った五〇〇日』（ダイヤモンド社）
『後世への遺産』（山海堂、共著）
『洪水、天ニ漫ツ―カスリーン台風の豪雨・関東平野をのみ込む』（講談社）
『評伝、工人・宮本武乃輔の生涯』（ダイヤモンド社）
『鶴、高く鳴けり―土木界の改革者　菅原恒覧』（鹿島出版会）
『修羅の涙は土に降る』（自湧社）
『久遠の人、宮本武之輔写真集』（北陸建設弘済会、監修）
『大地の鼓動を聞く―建設省50年の軌跡』（鹿島出版会）
『開削決水の道を講ぜん―幕末の治水家　船橋随庵』（鹿島出版会）
『山原の大地に刻まれた決意』（ダイヤモンド社）
『山河の変奏曲―内務技師青山士・鬼怒川の流れに挑む』（山海堂）
『天、一切ヲ流ス―江戸期最大の寛保水害・西国大名による手伝い普請』（鹿島出版会）
『荒野の回廊―江戸期・水の技術者の光と影』（鹿島出版会）
『青春の雲、動く―激動の昭和を生きた小石川高校一九五〇年卒の軌跡』（創林社）
『アーカイブス利根川』（信山社サイテック、共著）
『評伝、山に向かいて目を挙ぐ―工学博士広井勇の生涯』（鹿島出版会）など。

百折不撓《ひゃくせつふとう》――鉱毒の川はよみがえった
渡良瀬川鉱毒事件～板橋明治と父祖一世紀の苦闘～

発　行　二〇〇四年二月二六日
著　者　高崎哲郎
発行者　今井　貴・四戸孝治
発行所　株式会社　信山社サイテック
〒一一三-〇〇三三
東京都文京区本郷六―二―一〇
電話　〇三（三八一八）一〇八四
FAX　〇三（三八一八）八五三〇
発　売　株式会社　大学図書
印刷・製本／松澤印刷㈱　㈱渋谷文泉閣

ISBN4-7972-2622-6　C0036